一体化外墙保温板

YITIHUA WAIQIANG BAOWENBAN

逄鲁峰　郭庆亮　著

化学工业出版社

·北京·

本书系统地介绍了建筑墙体保温与结构一体化技术的内涵及特点，发展应用现状，一体化外墙保温板材体系生产、设计、施工技术及应用。从建筑墙体保温与结构一体化的技术涵义、技术特点、技术分类及应用现状开始，以技术原理为主线，以不同保温板产品的设计原理及应用实例为对象，进行了详细的阐述。有助于读者把握一体化技术的核心原理，熟悉应用特点。

本书内容翔实、应用覆盖面广，可以作为土木工程设计和施工技术人员的技术参考书，也可以作为建筑类高等院校教师与学生以及培训人员的参考和辅助教材。

图书在版编目（CIP）数据

一体化外墙保温板/逄鲁峰，郭庆亮著 . —北京：
化学工业出版社，2015.4
ISBN 978-7-122-23309-7

Ⅰ.①一… Ⅱ.①逄…②郭… Ⅲ.①建筑物-外墙-保温板 Ⅳ.①TU55

中国版本图书馆 CIP 数据核字（2015）第 052329 号

责任编辑：刘丽菲　满悦芝　　　　　　　　　　文字编辑：刘丽菲
　　　　　　　　　　　　　　　　　　　　　　装帧设计：刘剑宁

出版发行：化学工业出版社（北京市东城区青年湖南街 13 号　邮政编码 100011）
印　　装：大厂聚鑫印刷有限责任公司
787mm×1092mm　1/16　印张 11¼　字数 277 千字　2015 年 6 月北京第 1 版第 1 次印刷

购书咨询：010-64518888（传真：010-64519686）　售后服务：010-64518899
网　　址：http://www.cip.com.cn
凡购买本书，如有缺损质量问题，本社销售中心负责调换。

定　　价：45.00 元

前　言

近年来，节能与环保已成为全世界共同的话题。随着国民整体素质的提高，人们居住条件的改善，提高能源利用率越来越受到广泛重视。建筑能耗占社会能耗比重很大，随着我国新的建筑节能标准的实施，建筑已从低层次的解决人的居住向高层次的绿色生态建筑发展。在建筑中，外围护结构的热损耗较大，外围护结构中墙体又占了很大份额，所以建筑墙体改革与墙体节能技术的发展是建筑节能技术的一个重要的环节，发展外墙保温技术及节能材料则是建筑节能的主要实现方式。

传统外保温的弊病催生了建筑墙体保温与结构一体化技术。相比传统的外墙外保温技术，建筑墙体保温与结构一体化技术不仅能有效解决保温体系与建筑主体同寿命问题，而且在抗震、安全等性能方面也得到了加强，能同时满足建筑、防火等要求，是建筑节能发展的方向，加快建筑墙体保温与结构一体化技术推广、逐步限制淘汰已经明显落后的传统外墙外保温技术已经势在必行。近年来，住房和城乡建设部多次通过会议部署、技术研讨交流等形式，鼓励引导发展一体化技术，并要求加大一体化技术研发推广力度，完善建筑节能技术支撑体系。

本书通过近年来作者的科研实践，系统阐释了建筑墙体保温与结构一体化技术的内涵及特点、发展应用现状，一体化外墙保温板材体系生产、设计、施工、技术及应用。本书从建筑墙体保温与结构一体化的技术涵义、技术特点、技术分类及应用现状为起始，以技术原理为主线，以不同保温板产品的设计原理及应用实例为对象，进行了详细的阐述和分析研究，有助于读者把握一体化技术的核心原理，并熟悉应用特点。

全书分为5章：第1章讲述建筑墙体节能及一体化技术的发展现状；第2章讲述建筑墙体保温与结构一体化的概念及原理；第3章讲述一体化免拆保温模板的设计研制；第4章讲述一体化装配式外墙保温装饰条板的设计研制；第5章针对一体化工程应用实例进行了分析。本书对于建筑墙体保温与结构一体化技术分析透彻、内容翔实，所介绍的技术先进、方法实用，希望本书的出版可促进建筑墙体保温与结构一体化技术以更快的速度普及、在更广的领域应用、在更深的层次优化。

本书在撰写过程中，得到了济南市住宅产业化发展中心王全良研究员的多次具体指导，同时也得到了山东建筑大学的王广义、主红香、宋军龙、孙绪廷、胡文、翟玉仕、赵艳艳、赵松蔚等人的帮助，在此一并表示最诚挚的感谢！

本书针对该项技术进行了深入浅出的技术原理阐述和应用实例设计，对于该项技术的研究人员、产品生产企业、设计人员、施工人员以及相关从业人员具有积极的指导意义。本书可以作为土木工程设计和施工技术人员的技术参考书，也可以作为建筑类高等院校教师与学生以及培训人员的参考和辅助教材。

作者水平有限，书中不妥之处，敬请广大读者指正。

逄鲁峰　郭庆亮

2015 年 1 月于山东建筑大学

目 录
CONTENTS

第1章 绪 论

1.1 建筑节能概述

建筑节能是指建筑产品在规划、设计、建造和使用过程中，通过采用新型墙体材料，执行建筑节能标准，加强建筑物用能设备的运行管理，合理设计建筑围护结构的热工性能，提高采暖、制冷、照明、通风、给排水和通道的运行效率，以及利用可再生能源，在保证建筑物使用功能和室内热环境质量的前提下，降低建筑能源消耗，合理、有效地利用能源的活动。

自 1973 年发生世界性的石油危机以来 40 多年间，在发达国家，建筑节能的涵义经历了三个阶段：第一阶段，称为在建筑中节约能源（Energy saving in buildings），我国称为建筑节能；第二阶段，称为在建筑中保持能源（Energy conservation in buildings），意为在建筑中减少能源的损失；第三阶段，近年来，普遍称为在建筑中提高能源利用率（Energy efficiency in buildings），意为不是在消极意义上的节省，而是积极意义上的提高能源利用效率。

在我国，现在通称的建筑节能，其涵义应为第三阶段的内涵，即在建筑中合理地使用和有效地利用能源，不断提高能源利用效率。

1.1.1 我国的建筑节能发展史

目前，我国社会总能耗主要有工业能耗、建筑能耗、交通能耗，其中建筑节能被视为热度最高的领域，建筑能耗占社会总能耗 30%～40% 左右，而且还在以每年 1 个百分点的速度增加，比同等气候条件下的发达国家高出 2～3 倍。自哥本哈根大会以后，我国日益重视建筑节能问题，建筑节能的政策不断推出，旨在提高建筑行业使用节能建材的比例和促进节能技术的发展，降低建筑能耗，从而降低单位 GDP 能耗。

"十一五"我国节能减排目标是 2010 年万元 GDP 能耗由 2005 年的 1.22 吨标准煤下降到 0.98 吨标准煤左右，下降 20%，目标基本实现。"十二五"提出万元国内生产总值能耗下降到 0.869 吨标准煤，比 2010 年的 1.034 吨标准煤下降 16%。在《国务院关于加快培育和发展战略性新兴产业的决定》中，节能环保在七大战略性新兴产业中高居第一。根据规划，"十二五"期间中国环保投资达 3.1 万亿元，较"十一五"期间 1.54 万亿的投资额大增 101%。

《2013—2017 年中国建筑节能行业发展前景与投资战略规划分析报告》统计数字显示：我国每年新建房屋建筑面积近 20 亿平方米，其中 80% 以上为高能耗建筑；既有建筑近 500 亿平方米，90% 以上是高能耗建筑，建筑节能改造和技术更新有很大的空间。对于我国来说，无论是资源、环境的现实压力，还是人们对居住环境舒适度的迫切要求，建筑节能都被寄予了厚望，我国建筑节能市场前景广阔。

根据我国建筑节能发展的基本目标：新建采暖居住建筑 1986 年起，在 1980—1981 年当地通用设计能耗水平基础上普遍降低 30%，为第一阶段；1996 年起在达到第一阶段要求的基础上再节能 30%，（即总节能 50%）为第二阶段；2005 年起在达到第二阶段要求基础上再节能 30%（即总节能 65%）为第三阶段。

我国现行有关第二阶段的节能标准《民用建筑节能设计标准》（JGJ 26—95）已于 1996 年发布实施，相关应用技术也基本成熟。第三阶段节能，目前实施的标准为《严寒和寒冷地区居住建筑节能设计标准》（JGJ 26—2010）与《夏热冬冷地区居住建筑节能设计标准》（JGJ 134—2010），此两项标准是配合"十二五"规划对节能的要求，于 2010 年 8 月 1 日实施。

2011 年 11 月，北京市公布了《北京市居住建筑节能设计标准（征求意见稿）》，文中指出："北京市'十二五'时期建筑节能发展规划中的重点工作任务指出，从 2012 年起，北京市新建居住建筑要执行修订后的北京市居住建筑节能设计标准，节能幅度将达到 75% 以上。"目前我国住宅和公共建筑普遍执行的是节能 65% 的标准，北京、天津等地区在居住建筑方面已经陆续开始执行节能 75% 的标准。

1.1.2 建筑节能的意义

现在世界各国相继出现能源危机，消耗的能源量越来越多。在中国，我们面临的一项迫切任务就是节能环保。根据资料显示，在 20 世纪 90 年代初，我国消耗的煤大约是 1.13 亿吨，在全国所有能源中的比重约为 11.5%，但是到 21 世纪初，在建筑方面我国需要煤的量达到 3.76 亿吨，在全国能源总量中所占比重约为 27.6%。在我国，能源本来就少，而对能源的需求量又大，在建筑方面需要消耗的能源差不多是欧洲的 3 倍。

中国是一个发展中大国，又是一个建筑大国，每年新建房屋面积 17 亿~18 亿平方米，超过所有发达国家每年建成建筑面积的总和。随着全面建设小康社会的逐步推进，建设事业迅猛发展，建筑能耗迅速增长。节约能源是我国的一项基本国策，建筑节能是我国节能工作的重要组成部分，深入持久地开展建筑节能工作意义十分重大。

1.1.2.1 建筑节能有利于缓解能源供给的紧缺局面

我国人均能源资源较少（约为世界平均数的 50%），资源分布不均，优质能源少，是世界上少数几个以煤炭为主的国家。由于煤炭的比重过大，造成对交通运输和环境保护的巨大压力，同时也是能源利用效率低下的主要原因。

我国是一个能源消费大国，全年能源消耗仅次于美国，总量居世界第二位。目前我国经济发展速度约为 8%，能源增长速度约为 3.5%，我国能源生产的增长速度滞后于国民经济的增长速度。随着我国现代化建设的发展，我国建筑能耗比例将日益向国际水平（30%~40%）接近，能源供应将更加紧张。

我国城乡建筑发展十分迅速，房屋建设规模日益扩大，建筑用能增长速度较快。我国城乡现有建筑面积已超过 360 亿平方米，到 2020 年预计将达到 500 亿平方米。由于我国的城市建设正处在快速增长时期，建筑用能缺口很大，仅靠单方面加强能源方面的投入和基础设施建设无法满足快速增长的社会发展需求和减缓能源供给的紧缺局面。

如果从现在起对新建建筑全面强制实施建筑节能设计标准，并对既有建筑有步骤地推行节能改造，到 2020 年，我国建筑能耗可减少 3.35 亿吨标准煤，空调高峰负荷可减少约 8000 万千瓦（约相当于 4.5 个三峡电站的满负荷出力，减少电力建设投资约 6000 亿元），由此造成的能源紧张状况必将大为缓解。

1.1.2.2 建筑节能有利于改善大气环境，实现可持续发展

煤炭的大量直接燃烧会导致严重的城市大气污染。我国每年采暖燃煤排放二氧化硫约60万吨、烟尘约25万吨，采暖期城市大气污染指数普遍超标。北京地区采暖期与非采暖期相比，空气中总悬浮物高1.2倍，氮氧化物和一氧化碳高1.7倍，二氧化硫高1.6倍。烟尘颗粒物和二氧化硫、氮氧化物不仅损害人体健康，还会形成对土壤、水体、森林、建筑物危害严重的酸雨，更为严重的是煤炭燃烧还直接造成温室气体（二氧化碳）的大量排放。我国每年采暖燃煤排放的二氧化碳约2.6亿吨，二氧化碳排放量居世界第二位，约占总排放量的13%。

全球变暖的现实正不断地向世界各国敲响警钟。2003年，欧洲各地气温连续几个月比往年同期平均值高5℃，而且酷热天气扩大到了整个北半球。在印度的某些地区，气温高达45～49℃。加拿大、美国、中国、俄罗斯的部分地区都创下了当地最高气温纪录。我国自1986年出现明显的"暖冬"以来，暖冬不断，已持续至今。统计数据表明1981—1990年全球平均气温比一百年前的1861—1880年上升了0.48℃。预测到21世纪末全球平均气温比现在还要提高1.4～5.8℃。全球变暖将使世界生态环境发生重大变化，如极地融缩、冰川消失、海面升高、洪水泛滥、干旱频发、风沙肆虐、物种灭绝、疾病流行等，这对人类的生存构成了严重威胁，全球变暖是人类在21世纪所面临的最大挑战之一。近几年我国由于气候变化引起的特大灾害十分频繁，许多地方发生特大洪水、持续干旱，荒漠化加剧和沙尘暴频发，已使我国蒙受了巨大经济损失。

1992年5月9日国际社会通过了《联合国气候变化框架公约》（UNFCCC），1995年各缔约国又在柏林启动了新一轮关于减排温室气体的强制性目标和时间表的谈判，1997年12月149个国家和地区的代表在日本东京召开《联合国气候变化框架公约》缔约方会议，会议通过了旨在限制发达国家温室气体排放量以抑制全球变暖的《京都议定书》。我国政府目前已正式核准《〈联合国气候变化框架公约〉京都议定书》，切实履行减排温室气体义务。保护地球大气和生态环境对建筑节能提出了更高的要求。

1.1.2.3 建筑节能有利于保护耕地资源

我国人口居世界第一位，以世界上7%的耕地养活了世界上22%以上的人口。到2000年底，我国人均耕地的占有量仅为1.51亩，只占世界人均耕地的45%，其中低于联合国规定的人均耕地在0.8亩危险线以下的城市约有170个，耕地资源十分有限。

我国传统建筑的墙体材料以实心黏土砖为主。实心黏土砖不仅其保温性能达不到国家对建筑的节能要求，而且严重毁占耕地，消耗大量能源。我国约有12万个砖瓦企业，占地600多万亩，每年烧制6000多亿块黏土砖，取土约14.3亿立方米，相当于毁坏耕地20万亩。此外我国每年烧砖要烧掉6000多万吨标准煤，占建材生产总能耗的55%。全面禁止使用实心黏土砖、推行节能节地和利废的新型墙体材料是我国目前建材行业的首要任务。建筑节能极大地推动了我国建材领域的墙材革新，对保护耕地和生态环境起到了积极作用。

1.1.2.4 建筑节能有利于提高人民生活水平

我国地域广阔，冬季南北温差极大，气候条件比较严酷。东北地区不仅气温低，而且持续时间长。华北地区虽然不如东北地区冬季那样寒冷，但冷热时间都很长，夏季不仅长而且经常出现炎热天气。我国与世界同纬度地区的气候相比相对恶劣，平均气温一月份东北地区偏低10～18℃、华北地区偏低10～14℃、长江南岸偏低8～10℃、东南沿海偏低5℃，而7

月份各地平均温度又偏高 1.3～2.5℃。

过去我国对建筑物的保温、隔热、气密性重视不够，大多数住宅的建筑品质和节能水平仅相当于欧洲 50 年代的水平，冬季普遍居室温度低于 16℃、夏季超过 30℃，居住热环境很差，影响广大人民群众的身体健康，特别是老人、儿童、病人、产妇。每年冬天，感冒、气管炎、关节炎、风湿性心脏病、心脑血管疾病的发病率明显增高，到了盛夏季节，气温高，室内闷热，特别是处在顶层和西向房间的人们最为难熬，白天在室内如入蒸笼，大汗淋漓，晚上辗转反侧无法入睡。建筑节能开展后上述情况得到改观，新建节能建筑除了采用高效、节能的供暖、空调设备之外，还特别加强围护结构（外墙、屋顶、门窗和地面）的保温和隔热性能以及门窗的气密性，这样不仅能降低建筑能耗，而且显著地改善室内环境的热舒适性，实现冬暖夏凉，提高人民群众的生活质量和健康水平。

综上所述，建筑节能是一个世界性潮流，我国起步时间晚而且相对落后，因此建筑节能研究是我国目前亟待深入研究的前沿应用型课题。推进建筑节能的深入发展对保证能源安全、减少温室气体排放、保护大气环境及生态环境、节约土地资源、提高人民生活水平都有重要意义。

1.1.3　建筑节能的措施

1.1.3.1　减少能源总需求量

据统计，在发达国家，空调采暖能耗占建筑能耗的 65％，中国的采暖空调和照明用能量近期增长速度已明显高于能量生产的增长速度，因此，减少建筑的冷、热及照明能耗是降低建筑能耗总量的重要内容，一般可从以下几方面实现。

（1）建筑规划与设计　面对全球能源环境问题，不少全新的设计理念应运而生，例如微排建筑、低能耗建筑、零能建筑和绿色建筑等，它们本质上都要求建筑师从整体综合设计概念出发，坚持与能源分析专家、环境专家、设备师和结构师紧密配合。在建筑规划和设计时，根据大范围的气候条件影响，针对建筑自身所处具体环境的气候特征，重视利用自然环境（如外界气流、雨水、湖泊和绿化、地形等）创造良好的建筑室内微气候，以尽量减少对建筑设备的依赖。

具体措施可归纳为以下三个方面：

① 合理选择建筑的地址、采取合理的外部环境设计（如在建筑周围布置树木、植被、水面、假山、围墙）；

② 合理设计建筑形体（包括建筑整体体量和建筑朝向的确定），以改善既有的微气候；

③ 合理的建筑形体设计是充分利用建筑室外微环境来改善建筑室内微环境的关键部分，主要通过建筑各部件的结构构造设计和建筑内部空间的合理分隔设计得以实现。

同时，可借助相关软件进行优化设计，如运用天正建筑（Ⅱ）中建筑阴影模拟，辅助设计建筑朝向和居住小区的道路、绿化、室外休闲空间；利用 CFD 软件，如 PHOENICS，Fluent 等，分析室内外空气流动是否通畅。

（2）围护结构　建筑围护结构组成部件（屋顶、墙、地基、隔热材料、密封材料、门和窗、遮阳设施）的设计对建筑能耗、环境性能、室内空气质量与用户所处的视觉和热舒适环境有根本的影响。一般增大围护结构的费用仅为总投资的 3％～6％，而节能却可达 20％～40％。通过改善建筑物围护结构的热工性能，在夏季可减少室外热量传入室内，在冬季可减少室内热量的流失，使建筑热环境得以改善，从而减少建筑冷、热消耗。首先，提高围护结构各组成部件的热工性能，一般通过改变其组成材料的热工性能实现，如欧盟新研制的热二极管墙体（低费用的薄片热二极管只允许单方向的传热，可以产生隔热效果）和热工性能随季节动态变化的玻璃。然后，根据当地的气候、建筑的地理位置和朝向，以建筑能耗软件DOE-2.0的计算结果为指导，选择围护结构组合优化设计方法。最后，评估围护结构各部件与组合的技术经济可行性，以确定技术可行、经济合理的围护结构。

（3）提高终端用户用能效率　高能效的采暖、空调系统与上述削减室内冷热负荷的措施并行，才能真正地减少采暖、空调能耗。首先，根据建筑的特点和功能，设计高能效的暖通空调设备系统，例如：热泵系统、蓄能系统和区域供热、供冷系统等。然后，在使用中采用能源管理和监控系统监督和调控室内的舒适度、室内空气品质和能耗情况。如欧洲国家通过传感器测量周边环境的温、湿度和日照强度，然后基于建筑动态模型预测采暖和空调负荷，控制暖通空调系统的运行。在其他的家电产品和办公设备方面，应尽量使用节能认证的产品。如美国一般鼓励采用"能源之星"的产品，而澳大利亚对耗能大的家电产品实施最低能效标准（MEPS）。

（4）提高总的能源利用效率　从一次能源转换到建筑设备系统使用的终端能源的过程中，能源损失很大。因此，应从全过程（包括开采、处理、输送、储存、分配和终端利用）进行评价，才能全面反映能源利用效率和能源对环境的影响。建筑中的能耗设备（空调、热水器、洗衣机等）应选用能源效率高的能源供应。例如，作为燃料，天然气比电能的总能源效率更高。采用第二代能源系统，可充分利用不同品位热能，最大限度地提高能源利用效率，如热电联产（CHP）、冷热电联产（CCHP）。

1.1.3.2　利用新能源

在节约能源、保护环境方面，新能源的利用起至关重要的作用。新能源通常指非常规的可再生能源，包括有太阳能、地热能、风能、生物质能等。人们对各种太阳能利用方式进行了广泛的探索，逐步明确了发展方向，使太阳能初步得到一些利用，如，①作为太阳能利用中的重要项目，太阳能热发电技术较为成熟，美国、以色列、澳大利亚等国投资兴建了一批试验性太阳能热发电站，以后可望实现太阳能热发电商业化；②随着太阳能光伏发电的发展，国外已建成不少光伏电站和"太阳屋顶"示范工程，将促进并网发电系统快速发展；③全世界已有数万台光伏水泵在各地运行；④太阳热水器技术比较成熟，已具备相应的技术标准和规范，但仍需进一步地完善太阳热水器的功能，并加强太阳能建筑一体化建设；⑤被动式太阳能建筑因构造简单、造价低，已经得到较广泛应用，其设计技术已相对较为成熟，已有可供参考的设计手册；⑥太阳能吸收式制冷技术出现较早，已应用在大型空调领域；太阳能吸附式制冷处于样机研制和实验研究阶段；⑦太阳能干燥和太阳灶已得到一定的推广应用。但从总体而言，太阳能利用的规模还不大，技术尚不完善，商品化程度也较低，仍需要继续深入广泛地研究。在利用地热能时，一方面可利用高温地热能发电或直接用于采暖供热和热水供应；另一方面可借助地源热泵和地道风系统利用低温地热能。风能发电较适用于多风海岸线山区和易引起强风的高层建筑，在英国和香港已有成功的工程实例，但在建筑领域，较为常见的风能利用形式是自然通风方式。

1.1.3.3　新技术的应用

理想的节能建筑应在最少的能量消耗下满足以下三点。一是能够在不同季节、不同区域控制接收或阻止太阳辐射；二是能够在不同季节保持室内的舒适性；三是能够使室内实现必要的通风换气。建筑节能的途径主要包括：尽量减少不可再生能源的消耗，提高能源的使用效率；减少建筑围护结构的能量损失；降低建筑设施运行的能耗。在这三个方面，高新技术起着决定性的作用。当然建筑节能也采用一些传统技术，但这些传统技术是在先进的试验论证和科学的理论分析基础上才能用于现代化的建筑中。

(1) 减少能源消耗，提高能源的使用效率　为了维持居住空间的环境质量，在寒冷的季节需要取暖以提高室内的温度，在炎热的季节需要制冷以降低室内的温度，干燥时需要加湿，潮湿时需要抽湿，而这些往往都需要消耗能源才能实现。从节能的角度讲，应提高供暖（制冷）系统的效率，它包括设备本身的效率、管网传送的效率、用户端的计量以及室内环境控制装置的效率等。这些都要求相应的行业在设计、安装、运行质量、节能系统调节、设备材料以及经营管理模式等方面采用高新技术。

在供暖系统节能方面有三种新技术：①利用计算机、平衡阀及其专用智能仪表对管网流量进行合理分配，既改善供暖质量，又节约能源；②在用户散热器上安设热量分配表和温度调节阀，用户可根据需要消耗和控制热能，以达到舒适和节能的双重效果；③采用新型的保温材料包敷送暖管道，以减少管道的热损失。

近年来低温地板辐射技术已被证明节能效果比较好，它是采用交联聚乙烯（PEX）管作为通水管，用特殊方式双向循环盘于地面层内，冬天向管内供低温热水（地热、太阳能或各种低温余热提供）；夏天输入冷水可降低地表温度（国内只用于供暖）；该技术与对流散热为主的散热器相比，具有室内温度分布均匀，舒适、节能、易计量、维护方便等优点。

(2) 减少建筑围护结构的能量损失　建筑物围护结构的能量损失主要来自三部分：外墙、门窗、屋顶。这三部分的节能技术是各国建筑界都非常关注的。主要发展方向是：开发高效、经济的保温、隔热材料和切实可行的构造技术，以提高围护结构的保温、隔热性能和密闭性能。

(3) 外墙节能技术　就墙体节能而言，传统的用重质单一材料增加墙体厚度来达到保温的做法已不能适应节能和环保的要求，而复合墙体越来越成为墙体的主流。复合墙体一般用块体材料或钢筋混凝土作为承重结构，与保温隔热材料复合，或在框架结构中用薄壁材料加以保温、隔热材料作为墙体。建筑用保温、隔热材料主要有岩棉、矿渣棉、玻璃棉、聚苯乙烯泡沫、膨胀珍珠岩、膨胀蛭石、加气混凝土及胶粉聚苯颗粒浆料、发泡水泥保温板等。这些材料的生产、制作都需要采用特殊的工艺、特殊的设备，而不是传统技术所能及的。值得一提的是胶粉聚苯颗粒浆料，它是将胶粉料和聚苯颗粒轻集料加水搅拌成浆料，抹于墙体外表面，形成无空腔保温层。聚苯颗粒集料是采用回收的废聚苯板经粉碎制成，而胶粉料掺有大量的粉煤灰，这是一种废物利用、节能环保的材料。墙体的复合技术有内附保温层、外附保温层和夹心保温层三种。中国采用夹心保温做法的较多；在欧洲各国，大多采用外附发泡聚苯板的做法，在德国，外保温建筑占建筑总量的80%，而其中70%均采用泡沫聚苯板。

(4) 门窗节能技术　门窗具有采光、通风和围护的作用，还在建筑艺术处理上起着重要的作用。然而门窗又是最容易造成能量损失的部位。为了增大采光通风面积或表现现代建筑的特征，建筑物的门窗面积越来越大，更有全玻璃式的幕墙建筑。这就对外围护结构的节能提出了更高的要求。对门窗的节能处理主要是改善材料的保温隔热性能和提高门窗的密闭性能。从门窗材料来看，近些年出现了铝合金断热型材、铝木复合型材、钢塑整体挤出型材、塑木复合型材以及 UPVC 塑料型材等一些技术含量较高的节能产品。其中使用较广的是 UPVC 塑料型材，它所使用的原料是高分子材料——硬质聚氯乙烯。它不仅生产过程中能耗少、无污染，而且材料导热系数小，多腔体结构密封性好，因而保温隔热性能好。UPVC塑料门窗在欧洲各国已经采用多年，在德国塑料门窗使用中已经占了50％。我国20世纪90年代以后塑料门窗用量不断增大，正逐渐取代钢、铝合金等能耗大的材料。

为了解决大面积玻璃造成能量损失过大的问题，人们运用了高新技术，将普通玻璃加工成中空玻璃、镀贴膜玻璃（包括反射玻璃、吸热玻璃）、高强度LOW2E防火玻璃（高强度低辐射镀膜防火玻璃）、采用磁控真空溅射方法镀制含金属银层的玻璃以及智能玻璃。智能玻璃能感知外界光的变化并作出反应，它有两类，一类是光致变色玻璃，在光照射时，玻璃会感光变暗，光线不易透过；停止光照射时，玻璃复明，光线可以透过。在太阳光强烈时，可以阻隔太阳辐射热；天阴时，玻璃变亮，太阳光又能进入室内。另一类是电致变色玻璃，在两片玻璃上镀有导电膜及变色物质，通过调节电压，促使变色物质变色，调整射入的太阳光（因其生产成本高，还不能实际使用），这些玻璃都有很好的节能效果。

（5）屋顶节能技术　屋顶的保温、隔热是围护结构节能的重点之一。在寒冷的地区屋顶设保温层，以阻止室内热量散失；在炎热的地区屋顶设置隔热降温层以阻止太阳的辐射热传至室内；而在冬冷夏热地区（黄河至长江流域），建筑节能则要冬、夏兼顾。保温常用的技术措施是在屋顶防水层下设置导热系数小的轻质材料用作保温，如膨胀珍珠岩、玻璃棉等（此为正铺法）；也可在屋面防水层以上设置聚苯乙烯泡沫（此为倒铺法）。在英国有另外一种保温层做法是，采用回收废纸制成纸纤维，这种纸纤维生产能耗极小，保温性能优良，纸纤维经过硼砂阻燃处理，也能防火。施工时，先将屋顶的钉层夹层，再将纸纤维喷吹入内，形成保温层。屋顶隔热降温的方法有：架空通风、屋顶蓄水或定时喷水、屋顶绿化等。以上做法都能不同程度地满足屋顶节能的要求，但最受推崇的是利用智能技术、生态技术来实现建筑节能的愿望，如太阳能集热屋顶和可控制的通风屋顶等。

1.1.3.4　降低建筑设施运行的能耗

采暖、制冷和照明是建筑能耗的主要部分，降低这部分能耗将对节能起着重要的作用，在这方面一些成功的技术措施很有借鉴价值，如英国建筑研究院（BRE）的节能办公楼便是一例。办公楼在建筑围护方面采用了先进的节能控制系统，建筑内部采用通透式夹层，以便于自然通风；通过建筑物背面的格子窗进风，建筑物正面顶部墙上的格子窗排风，形成贯穿建筑物的自然通风。办公楼使用的是高效能冷热锅炉和常规锅炉，两种锅炉由计算机系统控制交替使用。通过埋置于地板内的采暖和制冷管道系统调节室温。该建筑还采用了地板下输入冷水通过散热器制冷的技术，通过在车库下面的深井用水泵从地下抽取冷水进入散热器，再由建筑物旁的另一水井回灌。为了减少人工照明，办公楼采用了全方位组合型采光、照明系统，由建筑管理系统控制；每一单元都有日光，使用者和管理者通过检测器对系统遥控；在100座的演讲大厅，设置有两种形式的照明系统，允许有0～100％的亮度，采用节能管型荧光灯和白炽灯，使每个观众都能享有同样良好的视觉效果和适宜的温度。

1.1.3.5　新能源的开发利用

在节约不可再生能源的同时，人类还在寻求开发利用新能源以适应人口增加和能源枯竭的现实，这是历史赋予现代人的使命，而新能源有效地开发利用必定要以高科技为依托。如开发利用太阳能、风能、潮汐能、水力、地热及其他可再生的自然界能源，必须借助于先进的技术手段，不断地完善和提高，以达到更有效地利用这些能源。比如人们在建筑上不仅能利用太阳能采暖，太阳能热水器还能将太阳能转化为电能，并且将光电产品与建筑构件合为一体，如光电屋面板、光电外墙板、光电遮阳板、光电窗间墙、光电天窗以及光电玻璃幕墙等，使耗能变成产能。

1.2　建筑墙体保温节能概述

1.2.1　国内外墙体保温发展现状及应用现状

近年来，节能与环保已成为全世界共同的话题。随着国民整体素质的提高，改善居住条件、提高能源利用率越来越受到广泛重视，建筑能耗占社会能耗比重很大，随着我国新的建筑节能标准的实施，建筑已从低层次的解决人的居住向高层次的绿色生态建筑发展。在建筑中，外围护结构的热损耗较大，外围护结构中墙体又占了很大份额，所以建筑墙体改革与墙体节能技术的发展是建筑节能技术的一个重要的环节，发展外墙保温技术及节能材料则是建筑节能的主要实现方式。

建筑节能的重点是改善围护结构的热工性能，即提高保温隔热效果。墙体保温有外保温和内保温两种，近几年北方的墙体保温实践经验表明，虽然两种保温方式在保温材料的热工性能、保温层的厚度一样，但内保温由于存在"冷桥"和"结露"等致命问题，这几年在工程上使用越来越少。然而外墙外保温系统因其保温层置于外墙的外面，具有保护主体结构、延长建筑物的使用寿命、防止"冷桥"和"结露挂霜"现象、不占室内空间、增加使用面积等优点，被广泛用于新建、改建、扩建的民用建筑和采暖、空调的各类建筑。所以，以下主要介绍外墙外保温系统。

1.2.1.1　国外墙体外保温的发展及应用

（1）国外外墙外保温的发展　外墙外保温体系起源于 20 世纪 60 年代的欧洲，20 世纪 70 年代初第一次能源危机以后得到重视和发展。

目前，在欧洲国家广泛应用的外墙外保温系统主要为外贴保温板薄抹灰方式，有两种保温材料：阻燃型的膨胀聚苯板及不燃型的岩棉板，均以涂料为外饰层。美国则以轻钢结构填充保温材料居多。

外墙外保温系统在欧洲的应用，最初是为了弥补墙体裂缝。通过实际应用后发现，当把这种泡沫塑料板粘贴到建筑墙面以后，的确能够有效地遮蔽墙体出现的裂缝等问题，同时又发现，这种复合的墙体材料具有良好的温隔热性能，节约了能耗。同时，重质的墙体外侧复合轻质的保温系统又是最合理的墙体结构组合方式。外保温不但解决了保温问题，又减薄了对力学要求来说过于富足的墙体厚度，减少了土建成本；而这种复合的墙体结构在满足力学要求的同时还在隔音、防火防潮、热舒适性等各个方面都具有最佳性能。

20 世纪 70 年代，美国从欧洲引入此项技术，并根据本国的具体气候条件和建筑体系特点进行了改进和发展。同样在 20 世纪 70 年代初的能源危机期间，由于建筑节能的要求，外墙外保温及装饰系统在美国的应用不断增加，至 90 年代末，其平均年增长率达到了 20%～25%。至今此项技术在美国的应用也达 40 多年，最高建筑达 44 层，并在美国南部的炎热地区和北部寒冷地区均有广泛的应用，效果显著。

欧美在近 40 余年的应用历史中，对外墙外保温系统进行了大量的基础研究，如薄抹灰外墙外保温系统的耐久性的问题；在寒冷地区中的露点问题；不同类型的系统在不同冲击荷载下的反应；试验室的测试结果与实际工程中性能的相关性等。

　　在大量的实验研究的基础上，目前，欧洲和美国对外墙外保温已立法，其中包括对外墙外保温系统的强制认证标准，以及系统中相关组成材料的标准等。由于欧美国家有着相应健全的标准、严格的立法，对于外墙外保温系统的耐久性，一般都可以有 25 年的使用年限。事实上，这种系统在上述地区的实际应用历史已大大超过 25 年。2000 年欧洲技术认可组织（EOTA）发布了名称为《带抹灰层的墙体外保温复合体系技术许可》（ETAG 004）的标准，这个标准是欧洲外墙外保温体系几十年来成功实践的技术总结和规范。

　　(2) 国外外墙外保温的应用　　目前，在欧洲国家广泛应用的外墙外保温系统主要有三种：一是膨胀聚苯板薄抹灰外墙外保温系统；二是岩棉纤维平行于墙面的外墙外保温系统；三是岩棉纤维垂直于墙面的外墙外保温系统。

　　美国以第一种为主。由于聚苯板极易被切割成任意形状，在美国，膨胀聚苯板薄抹灰外墙外保温系统产品还利用其作为建筑物的各种外装饰线脚，如在炎热沙漠中的赌城拉斯维加斯形态各异造型建筑物中，此系统产品和技术得到了充分发挥。特别是在对既有的旧建筑物做节能改造或翻新时，该体系更显示了其优越性，原有建筑物中的居民不必搬动室内的任何家具，在施工中也不会影响原有建筑结构，同时也进行了立面改造，使原有建筑焕然一新。

　　在应用的保温材料方面，随着新技术的应用，聚苯保温材料逐步被具有良好保温隔热的聚氨酯材料所替代，目前在欧、美、日等发达地区，建筑保温材料中聚氨酯占 75%，聚苯乙烯占 5%，玻璃棉占 20%。

1.2.1.2　国内墙体保温的发展应用

　　(1) 外墙外保温在国内的发展　　20 世纪 80 年代中期，国外的外保温企业到我国推广外墙外保温技术，即粘贴聚苯乙烯泡沫板（简称聚苯板或 EPS 板）外抹玻纤网络布增强的聚合物水泥砂浆的保温体系。我国冶金建筑研究总院、北京建筑设计研究院等单位在国内率先进行外墙外保温试点工程，同时对重墙、轻墙及预制墙体构件等不同构造体系进行了试验，均取得了节能效果。20 世纪 80 年代后期，北京建筑设计研究院与石膏板厂家共同开发了聚苯乙烯石膏复合保温板，用于外墙内保温。20 世纪 90 年代初期，在住房和城乡建设部（原建筑部）及各省市建委的领导下加大了外墙外保温的推进力度，国内一些科研单位及企业开发了多种外墙保温技术，其中典型的有：仿专威特的 EPS 贴板法系统，具有自主知识产权的 ZL 胶粉聚苯颗粒保温浆料系统，现浇混凝土复合有网、无网 EPS 板外保温系统，EPS 钢丝网架板锚固外保温系统，装配式龙骨薄板外保温系统以及一些预制板外保温系统等。

　　随后，1996 年召开全国建筑节能会议，会议提出了今后工作的重点是推广外墙外保温。

　　(2) 外墙外保温技术在国内的应用　　目前，国内外墙外保温做法较多，主要有以下几种。

　　① 保温砂浆类。即把回收的泡沫塑料打碎，与水泥及一定量的乳液拌和成保温砂浆，用抹灰刀抹到墙面上至一定厚度，干燥后再在其表面制作玻纤网格布增强层和饰面层。

　　此类做法保温性能不如外贴聚苯板，又由于是在工地现场配料拌料，砂浆热导率变异大，保温性能不太均匀。

　　② 膨胀聚苯乙烯（EPS）板（下称 EPS 板）类。

　　a. 膨胀聚苯乙烯板现浇混凝土外墙外保温系统。EPS 板现浇混凝土外墙外保温系统以现浇混凝土作为基层，EPS 板作为保温层。EPS 板与现浇混凝土接触面沿水平方向开有矩形齿槽，内、外表面均满喷界面砂浆。EPS 板表面抹抗裂砂浆薄抹面层，外表以涂料为饰面层，薄抹面层中满铺玻纤网。

此类做法优点是保温板可与土建施工同步进行。但固定件导致产生热桥，门、窗等细节部位不易处理，常常在此造成败笔。拆模时也易对聚苯板面造成损坏。

b. 膨胀聚苯乙烯板薄抹灰外墙外保温系统。由 EPS 板保温层、薄抹面层和饰面涂层构成，EPS 板用胶结剂固定在基层上，薄抹面层中满铺玻纤网。

c. 膨胀聚苯乙烯板钢丝网架板现浇混凝土外墙外保温系统。EPS 钢丝网架板现浇混凝土外墙外保温系统以现浇混凝土为基层，EPS 单面钢丝网架板置于外墙外模板内侧，并安装 φ6 钢筋作为辅助固定件。现浇混凝土后，EPS 单面钢丝网架板挑头钢丝和 φ6 钢筋与混凝土结合为一体，EPS 单面钢丝网架板表面抹掺外加剂的水泥砂浆形成后抹面层，外表做饰面层。以涂料做饰面层时，应加抹玻纤网抗裂砂浆薄抹面层。

③ 挤塑聚苯乙烯（XPS）外墙外保温系统。挤塑聚苯乙烯（下称 XPS）是近年来发展起来的一种新型保温材料。目前，XPS 与基层墙体的固定方式主要采用机械固定件。这种材料的优点在于：XPS 具有致密的表层及闭孔结构内层，其热导率大大低于同厚度的 EPS，因此具有较 EPS 更好的保温隔热性能。对同样的建筑物外墙，其使用厚度可小于其他类型的保温材料；由于内层的闭孔结构，XPS 具有良好的抗湿性，在潮湿的环境中，仍可保持良好的保温隔热性能；适用于冷库等对保温有特殊要求的建筑，也可用于外墙饰面材料为面砖或石材的建筑。但该板致密度使其粘贴力和系统表面的平整度比起发泡式聚苯板还有缺陷。

④ 岩棉板类薄抹灰型。需用粘贴附加固定件的方法固定保温板。目前国内还应用不多，价格也偏高。岩棉的问题是在吸水吸湿后保温性能和强度都会大幅度降低，使用这种保温材料应视我国各地区气候条件严格进行热工防潮验算，对系统所有组成材料的透气性要求也更高。但由于其不燃的防火性能，更适用于有防火要求的建筑。

⑤ 罗宝板系统-硬质聚氨酯泡沫系统。该系统由罗宝板、专用龙骨、空气层及配件共同构成，其中罗宝板通过专用龙骨干挂在建筑外墙；罗宝板与墙体间形成一道 25mm 空气层；罗宝板与门窗洞口连接及建筑阴阳角处使用专用配件，罗宝外墙保温装饰板由三层构成，表层：0.5mm 氟碳涂层铝板；中间层：40mm 的聚氨酯硬质泡沫；内层：0.06mm 铝箔。该系统具有质量可靠，性价比高，保温隔热效果好、集装饰效果为一体等优势。

尽管目前我国已经形成了一批技术上较为完善和可靠的外墙保温体系，但是由于我国目前大规模的房屋建设，对建筑围护结构节能技术与材料的需要量很大，因此就出现了节能技术和材料尚不能完全满足建筑节能需要的矛盾，导致一些工程采用的技术和材料质量不过关或者施工工艺有缺陷，甚至某些工程在施工过程中偷工减料或以次充好。这些不规范、不完善的做法最终造成外墙外保温系统产生开裂、剥落甚至整体脱落等质量事故，严重影响节能效果。

1.2.2 墙体保温技术分类与评价

目前，在建筑中常使用的外墙保温主要有内保温、外保温、夹芯保温、自保温等方式，几种方式在实际应用中各有利弊。

1.2.2.1 外墙内保温

外墙内保温是在墙体结构内侧覆盖一层保温材料，通过黏结剂固定在墙体结构内侧，之后在保温材料外侧作保护层及饰面。其结构如图1-1。

目前内保温多采用粉刷石膏作为粘接和抹面材料，通过使用聚苯板或聚苯颗粒等保温材料达到保温效果。节能技术发展初期，内保温技术为推动我国建筑节能技术迅速起步起到了应有的历史作用。这是因为我国节能技术在当时还处于起步阶段，外保温技术还不太成熟；我国节能标准对围护结构的保温要求较低。

外墙内保温有如下优点：①它对饰面和保温材料的防水、耐候性等技术指标的要求不是很高；纸面石膏板、石膏抹面砂浆等均可满足使用要求，取材方便；②内保温材料被楼板所分隔，仅在一个层高范围内施工，不需搭设脚手架。

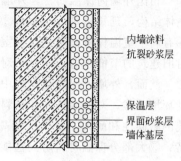

内墙涂料
抗裂砂浆层

保温层
界面砂浆层
墙体基层

图 1-1　外墙内保温结构图

但是，从发展的角度考虑，随着我国节能标准的提高，内保温的做法已不适应新的形势，且给建筑物带来某些不利的影响。因此，它只能是某些地区的过渡性做法，在寒冷地区特别是严寒地区将逐步予以淘汰。在多年的实践中我们发现，外墙内保温主要存在如下缺点：①保温隔热效果差，外墙平均传热系数高；②"冷桥"致保温外理困难，易出现结露现象；③占用室内使用面积；④不利于室内装修，包括重物钉挂困难等，在安装空调、电话及其他装饰物等设施时尤其不便；⑤不利于既有建筑的节能改造；⑥保温层易出现裂缝。

由于外墙受到的温差大，直接影响到墙体内表面应力变化，这种变化一般比外保温墙体大得多。昼夜和四季的更替，易引起内表面保温的开裂，特别是保温板之间的裂缝尤为明显。实践证明，外墙内保温容易在下列部位引起开裂或产生"冷桥"，如采用保温板的板缝部位、顶层建筑女儿墙沿屋面板的底部部位、两种不同材料在外墙同一表面的接缝部位、内外墙之间丁字墙外侧的悬挑构件部位等。

1.2.2.2　外墙外保温

外墙外保温是在主体墙结构外侧在黏结材料的作用下，固定一层保温材料，并在保温材料的外侧用玻璃纤维网加强并涂刷黏结胶浆，如图 1-2 所示。随着外墙外保温形式的不断完善与发展，目前主要流行的有聚苯板薄抹灰外墙保温、聚苯板现浇混凝土外墙保温、聚苯颗粒浆料外墙保温，聚氨酯硬泡喷涂外墙外保温系统等几种外保温操作方法。

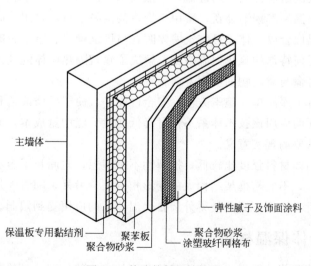

主墙体

弹性腻子及饰面涂料

保温板专用黏结剂　聚苯板　聚合物砂浆
聚合物砂浆　　涂塑玻纤网格布

图 1-2　外墙外保温结构图

相比外墙内保温而言，外墙外保温具有巨大优势。其优点如下：①适用范围广；②保护主体结构，延长建筑物寿命；③基本消除了"冷桥"的影响；④使墙体潮湿状况得到改善；⑤有利于室温保持稳定，改善室内热环境质量；⑥有利于提高墙体的防水和气密性；⑦便于对旧建筑的节能改造；⑧可相对减少保温材料用量；⑨增加房屋使用面积。

然而，外墙外保温在实践中也遇到了很多问题。其缺点如下：①保温层在墙体外侧，所处环境恶劣，对保温体系各材料要求较严格；②材料要求配套及彼此相容性好；③对保温系统的耐候性和耐久性提出了较高要求；④施工难度大，要有素质较好的施工队伍和技术支持；⑤大部分保温材料防火性能较差，施工时容易引发火灾。

1.2.2.3 外墙夹芯保温

外墙夹芯保温是将保温材料设置于外墙的内、外墙页中间的一种保温技术。这种保温形式的优点是：①将绝热材料设置在外墙中间，有利于较好地发挥墙体本身对外界的防护作用；②对保温材料的选材要求不高，能有效地保护保温材料和内侧墙片；③对施工条件和施工季节要求不高。

其缺点体现在：①易产生"冷桥"；②内部易形成空气对流；③施工相对困难；④墙体裂缝不易控制；⑤抗震性差。

1.2.2.4 外墙自保温

墙体自保温技术体系是指按照一定的建筑构造，采用节能型墙体材料及配套砂浆使墙体的热工性能等物理性能准的建筑墙体保温隔热技术体系，其系统性能及组成材料的技术要求须符合相关技术标准的规定。墙体自保温系统按基层墙体材料不同可分为蒸压加气混凝土砌块墙体自保温系统、节能型烧结页岩空心砌块墙体自保温系统、陶粒混凝土小型空心砌块墙体自保温系统等。

在我国，建筑通常设计寿命为50～70年，而目前《外墙外保温工程技术规程》（JGJ 144—2004）中规定了5种类型的外墙外保温系统，依次为EPS（膨胀聚苯乙烯）板薄抹灰外墙外保温系统、胶粉EPS颗粒保温浆料外墙外保温系统、EPS板现浇混凝土外墙保温系统、EPS钢丝网架板现浇混凝土外墙外保温系统、EPS板现浇混凝土外墙外保温系统、EPS钢丝网架板现浇混凝土外墙外保温系统和机械固定EPS钢丝网架板外墙外保温系统。这5种复合保温墙体保温层的内外温差极易引起内墙和外墙的变形，可产生墙面开裂、渗水、面层剥落等，使保温层的耐候性（使用寿命）一般仅为20年以下，与建筑物的使用寿命极不匹配，若干年后，保温层需剔旧补新，费用昂贵，甚至高于新建费用。而自保温砌块、空心砖块是结构层与保温层合成一体，且砌筑墙体时，与传统砌块、空心砖施工一样，一次性砌筑，不需采用其他任何特殊的隔热保温措施，解决了建筑隔热墙体的整体性和耐候性，使墙体保温系统的使用寿命与建筑物的使用寿命一致。

该技术体系具有工序简单、施工方便、安全性能好、便于维修改造和可与建筑物同寿命等特点，工程实践证明应用该技术体系不仅可降低建筑节能增量成本，而且对提高建筑节能工程质量具有十分重要的现实意义。

然而，自保温墙体材料强度比较低，抗裂性不很理想，时间长了容易产生墙体开裂等现象，且其变形能力差，不能与框架结构大的变形相协调。另外，随着大量高层建筑短肢剪力墙的使用，填充墙所占比例不高，使得外墙自保温体系的应用受到限制。

1.2.3 建筑墙体保温材料

国家自实施建筑节能政策以来，作为建筑节能技术中的一部分，绝热、保温材料有了较大发展，品种有数十种之多，但适合于建筑围护结构使用的一般为密度低、导热系数小、价格适中、操作方便的材料，尤其随着节能标准要求的逐步提高，高效保温材料的发展有了广阔的前途。现在对导热系数 $\lambda \leqslant 0.05 \mathrm{W/(m \cdot K)}$ 的绝热材料可称为高效保温材料。

（1）目前在建筑中使用最广泛的高效保温材料有下列几种：

①模塑聚苯乙烯泡沫塑料（EPS）；②挤塑聚苯乙烯泡沫塑料（XPS）；③硬质聚氨酯泡沫塑料（PU）；④矿渣棉或岩棉制品；⑤玻璃棉制品；⑥泡沫玻璃；⑦聚乙烯泡沫塑料；⑧酚醛泡沫塑料；⑨脲醛树脂泡沫塑料等。不同材料主要性能见表 1-1。

目前正在广泛研究开发的绝热保温材料有自调温相变绝热保温材料及复合型保温饰面材料。

表 1-1　最常用的绝热保温材料主要性能表

材料品种	密度 ρ_0 /（kg/m³）	导热系数 λ /[W/(m·K)]	最高使用温度/℃	燃烧性能氧指数/%	主要用途
EPS	18～22	0.041	70	≥30，B1 阻燃	墙体、屋面保温
XPS	25～32	0.03	70	≥26，B2 阻燃	墙体、屋面保温
PU	≥35	0.024	90～120	≥26，B2 阻燃	墙体、屋面保温
矿棉、岩棉、玻璃棉	80～120	0.045	≥200	不燃	墙体保温
泡沫玻璃	130～160	0.052	430	不燃	墙体、屋面保温
聚乙烯泡沫塑料	100	0.047	60	≥26、B2 阻燃	墙体、屋面保温
酚醛泡沫塑料	35	0.020	150	≥40，阻燃	设备管道保温
脲醛树脂泡沫塑料	7～10	0.041	100	阻燃	墙体夹心填充保温设备管道保温

（2）其他常用的无机隔热保温材料及复合保温隔热材料

① 加气混凝土砌块或板。密度为 600～700kg/m³，其导热系数为 0.19W/(m·K)，主要适用于具有保温作用的墙体材料。当密度≤500kg/m³ 的加气混凝土砌块亦可用于屋面保温。根据原材料不同有粉煤灰加气混凝土砌块和硅砂加气混凝土砌块或板。目前山东地区主要生产的是前一种，砂型加气混凝土板在江苏、上海等地生产应用较广。例如南京旭建生产的 ALC 板和上海生产的伊通板均属于加气混凝土制品。

② 膨胀珍珠岩类隔热保温制品。

a. 膨胀珍珠岩目前主要应用于建筑屋面找坡层，膨胀珍珠岩与胶黏材料水泥按一定比例混合加水搅拌后，制成具有一定保温作用的水泥膨胀珍珠岩层面找坡浆料，密度 800～1000kg/m³，热导率 $\lambda \geqslant 0.26$W/(m·K)，在屋顶构造层中主要起屋面找坡层作用，由于其有保温隔热效果，因此屋顶热工计算中必须计算这一层的热阻效应。厚度取找坡层平均厚度。

b. 憎水型珍珠岩保温块。这一种保温产品近几年在住宅建筑屋顶保温中用量最大，但是经现场热工性能检测，保温效果并不理想，目前该种保温制品主要因胶黏材料不同，有乳化沥青珍珠岩保温块和水玻璃珍珠岩保温块两种，密度一般控制在 300kg/m³ 左右，热导率 λ 在 0.07 左右，例如济南地区使用厚度一般为 100mm，按屋面热工性能计算这种 100mm 厚的材料，使用在体形系数≤0.3 或≤0.35 的住宅建筑屋面保温中是可以满足节能 50% 及更高的要求，但是某些工程实测结果不理想。主要原因是，产品性能不稳定，憎水性随着时间增长而减弱，导致保温性能降低；另一方面某些生产中掺加少量水泥黏结料，产品憎水性能达不到质量要求，热导率增大。

采用膨胀珍珠岩和膨胀蛭石，掺加水泥或其他胶凝材料混合制成保温浆体料用在室内围护结构保温，如楼梯间隔墙、分户墙等，满足节能标准规定要求的保温性能时，可以使用。

1.3　一体化技术的发展

1.3.1　建筑墙体保温与结构一体化

自"十五"、"十一五"以来，建筑围护结构的节能技术在住房和城乡建设部技术政策的大力推动下，开发水平、应用规模和数量取得了很大成绩。据不完全统计，全国完成节能住宅累计约 17.1 亿平方米。然而，我国外墙外保温节能技术标准保质期与国外技术发展水平一致，最长为 25 年，预计到 2025 将有约 60%（约 10 亿平方米）的节能型住宅进入外墙外保温的维修和维护期。外墙外保温技术虽好，却不能与建筑物同寿命，使用 25 年以后的系统维修、更换费用如何解决等一系列问题摆在了我们面前，这些问题的存在制约了外墙外保温技术和建筑节能工作的深入健康发展。因此，除了进一步研究完善外墙外保温系统外，有必要大力研发具有保温防火性能好且与建筑墙体同寿命等特点的建筑墙体保温与结构一体化技术。因此，发展建筑墙体保温与结构一体化技术，不仅能丰富建筑结构体系，更重要的是解决了保温体系与建筑同寿命的关键问题，这对确保建筑节能工程质量和安全，推动建筑节能工作健康发展具有十分重要意义。

建筑墙体保温与结构一体化技术不是特指某一项节能技术或某一种保温体系，而是一个宽泛的概念，其内涵应包括三个方面的内容：一是建筑墙体保温应与结构同时施工，即建筑主体结构将保温材料与结构融为一体，同时保温层外侧应有足够厚度的防护层；二是施工后结构外墙体无需再做保温即能满足现行建筑节能标准要求；三是能够实现建筑保温与墙体同寿命。具体地讲是指结构、围护、保温三个功能于一体，实现墙体保温与结构的同步设计、同步施工和验收，不需另行采取二次保温措施，即可满足节能设计标准要求。该项技术有效解决了墙体保温工程开裂、脱落等质量问题，同时避免了消防安全隐患，从而达到了建筑保温与墙体同寿命的目的。

住房和城乡建设部高度重视建筑墙体保温与结构一体化技术的研究开发和推广应用工作，从 2009 年开始连续两次召开了新型建筑结构体系——建筑墙体保温与结构一体化技术研讨会，明确了今后的发展方向和目标，一是要加大外墙外保温技术的监督力度，确保建筑工程质量和安全；二是要加强技术集成创新，大力推行建筑墙体保温与结构一体化技术。在过去的几年当中全国各地也陆续开展了部分建筑墙体保温与结构一体化技术的研究应用工作，出现了一批新型建筑墙体保温与结构一体化技术产品，如河北石家庄晶达建筑体系有限公司研究开发的 CL 结构保温体系、北京亿力通达科技发展有限责任公司研究开发的保温砌模现浇钢筋混凝土结构体系、大连华成帝建建筑模网有限责任公司引入的法国建筑模网技术体系等，这些都是以企业为主体对单一技术的研究，某种程度上缺乏系统性和完整性，其在生产、设计、施工应用技术和标准规范等方面还存在着一些不足之处，但在推广应用和工程实践中取得了良好的效果，为建筑墙体保温与结构一体化技术的推广应用奠定了良好的基础。

全国各地政府非常重视建筑节能、节土、节地、利废和限制黏土砖、保护耕地、发展新型墙体材料的工作，出台了许多地方性的节能标准或发展新型墙体材料的政策，推动建筑墙体保温与结构一体化技术的大发展。标准管理部门强化节能技术标准工作，为新型节能结构体系技术发展提供保障。许多省市对自保温结构体系的推广应用、标准完善技术、规范评估认定、开展试点示范工作等方面都作了明确要求。山东省目前已在全省建立了30余个生产示范基地，建成了300多万平方米的示范工程，编制发布了8项建筑墙体保温与结构一体化技术规程导则和12项标准图集，研究出台了相应的推广应用文件和政策措施，特别是2012年11月29日山东省人大第34次会议已通过的《山东省民用建筑节能条例》第十三条对建筑墙体保温与结构一体化技术提出了明确要求："鼓励开发应用建筑墙体保温与结构一体化技术，逐步提高其在建筑中的应用比例。在省人民政府规定的期限和区域内，全面推广应用建筑墙体保温与结构一体化技术"。并将"合理采用建筑墙体保温与结构一体化技术"列为《山东省绿色建筑评价标准》中的一项重要评审内容，上述两项规定目前在全国尚属首例，为建筑墙体保温与结构一体化技术的推广应用提供了强有力的政策保障措施。

建筑墙体保温与结构一体化技术因其保温防火性能好、建筑保温与墙体同寿命等发展优势，克服了外墙外保温技术存在的弊端，是从根本上解决建筑工程质量和防火安全的重要途径，避免了外墙保温工程的维修和更换问题，真正实现了节约资源和节能减排的双重目标。建筑墙体保温与结构一体化技术，由于具有建筑围护保温系统免维护或延长维护周期的特点，越来越多地受到各方关注，随着全国建筑节能目标的提升，成为节能型住宅建筑体系新的发展方向。伴随国家节能减排工作力度的不断加强，逐步形成住宅建设中具有影响力的新"技术群"，并引发节能型住宅建筑新体系的快速发展。随着新农村建设的全面展开，预计该项技术还会以更快的速度发展。同时，将伴随住宅产业化工作的推进不断得到提升。

随着国家建筑节能目标的提高和技术创新水平的不断提升，建筑墙体保温与结构一体化技术已成为建筑围护结构节能的又一新的技术发展方向，是对传统建筑设计和墙体保温施工技术方法的一次重大变革，通过实施建筑墙体保温与结构一体化技术，实现了建筑保温二次施工向同步施工的转变；建筑材料防火向建筑结构防火的转变；建筑保温全寿命周期向与墙体结构同寿命的转变，有效避免外墙外保温技术的工程质量和消防安全问题的发生。因此，全面加强建筑墙体保温与结构一体化技术的系统研究，不断开发出新的自保温墙体材料，逐步实现建筑墙体保温与结构一体化技术的全面推广应用是当前墙体节能技术研究的主要方向和必然选择。

1.3.2 外墙保温与装饰一体化

建筑节能系统中的外墙保温与装饰一体化是指将EPS、XPS、聚氨酯、酚醛泡沫或无机发泡材料等保温材料与多种造型、多种颜色的金属装饰板材或无机预涂装饰板有机复合。复合保温板材完全在工厂里流水化制作，使其保温节能与装饰功能一体化，达到产品的预制化、标准化、组合多样化、生产工厂化、施工装配化的目的。保温装饰一体化体系能克服当前其他外墙外保温节能系统的手工施工效率低、容易开裂、装饰性差、使用寿命短等缺点，是一种综合性价比优越的外墙外保温节能体系。它的出现将对传统的涂料行业和保温行业产生重大的变革，具有很好的市场发展前景，它必将成为我国建筑节能行业的一个发展趋势。

在建筑节能市场不少厂家也看到了这点，纷纷推出自己的保温装饰一体化系统，如上海衡峰、上海亚士、深圳摩天、四川威尔达等企业，这些保温装饰一体化系统各有各的特色。

外墙保温装饰一体化体系，是把外保温体系和装饰体系组合成一个大系统，使其形成一个节能高效、科学合理的有机整体。我国地域广阔，纵跨严寒地区、寒冷地区、夏热冬冷地区和夏热冬暖地区，建筑物所在地区不同，对外墙外保温材料的要求及施工厚度也不尽相同。外墙保温装饰一体化体系，可以供不同地区、不同建筑物外墙外保温工程选用。并且板材质量轻，保温性能、阻燃性能好，施工简便，耐久性好。发展和推行新型外墙外保温装饰一体化系统，既是我国建筑节能的现实需要，也是长远实施建筑节能的有效途径。

1.3.3　保温、装饰与结构一体化

在住宅中墙体较多，采用预制墙体可提高建筑性能和品质，从建筑全生命周期来看，可节省使用期间的维护费用，同时减少了门窗洞口渗漏风险，降低了外墙保温材料的火灾危险性，延长了保温及装饰寿命，可以取消外墙脚手架、提高施工速度，有利于现场施工安全管理，具有良好的间接效益，针对国内住宅的特点，预制墙体和预制楼板将是工业化住宅构件的主要产品。

预制外墙除了围护、隔声、防水等功能外，往往需要进行装饰，如果将门窗、保温、外装饰等工序在预制构件厂内完成，现场施工就可以节省大量的时间，同时可以减少外脚手架的使用，由于工厂里的装饰作业条件优于施工现场，装饰质量和效果更有保证，外墙预制构件结构与保温、装饰一体化集成是发展趋势。

参 考 文 献

[1] 涂逢祥，等．建筑节能技术．北京：中国计划出版社，2011.
[2] 苏金鑫．关于建筑节能问题的几点想法．建筑建材装饰，2013（7），147-153.
[3] 郁文红．建筑节能的理论分析与应用研究．天津：天津大学，2004.
[4] 朗四维．我国建筑节能设计标准的现状与进展．制冷空调与电力机械，2002，23（3）：1-6.
[5] 涂逢祥，方展和．建筑节能：怎么办？北京：中国建筑工业出版社，2002.
[6] GB 50178—93. 中国建筑气候区划.
[7] 朱盈豹．保温材料在建筑墙体节能中的应用，北京：中国建材工业出版社，2003.
[8] 马保国．外墙外保温技术．北京：化学工业出版社，2008.
[9] 李国林．浅谈外墙保温的分类与应用．科技风，2010，（9）：7.
[10] 吴杰．夏热冬冷地区居住建筑围护结构对建筑节能的影响研究．长沙：湖南大学，2010.
[11] 沈正，等．墙体自保温技术的应用现状及发展前景．建筑节能，2010 年第 5 期，47-49.
[12] 程颐．保温装饰一体化板饰面层制备工艺模块化设计．建筑节能，2012.8.
[13] 朱洪祥．建筑节能与结构一体化技术及应用．北京：中国建筑工业出版社，2013.8.

第2章 建筑墙体保温与结构一体化

2.1 建筑墙体保温与结构一体化概述

2.1.1 建筑墙体保温与结构一体化的涵义

"十五"和"十一五"以来，在国家节能减排政策的大力推动下，节能建筑得到了快速发展，外墙外保温技术得到了广泛应用，对于改善建筑功能、减少能源消耗发挥了重要作用。但随着时间的推移，也暴露出了明显的弊端：一是外墙外保温围护结构与建筑主体不同寿命，其理论寿命只有25年左右，远低于建筑物主体50年左右的设计寿命；二是传统外墙外保温技术含量相对较低，产品生产和施工工艺相对简单，在给推广应用工作带来了便利的同时，产品质量和施工质量往往难以保证，极易造成各种质量安全隐患，严重的甚至会产生火灾等安全事故，给人民生命财产安全造成重大损失。

相比传统的外墙外保温技术，建筑墙体保温与结构一体化技术不仅能有效解决保温体系与建筑主体同寿命问题，而且在抗震、安全等性能方面也得到了加强，能同时满足建筑、防火等要求，是建筑节能发展的方向，加快建筑墙体保温与结构一体化技术推广、逐步限制及淘汰已经明显落后的传统外墙外保温技术已经势在必行。2008年以来，住房城乡建设部多次通过会议部署、技术研讨交流等形式，鼓励引导发展一体化技术，并要求加大一体化技术研发推广力度，完善建筑节能技术支撑体系。

建筑墙体保温与结构一体化是新型建筑保温结构体系，国内许多专家学者一直在探讨其概念涵义，其目的并不是局限在对概念的准确描述，而是力求一个合理的解释，使得用于建筑节能工程的建筑墙体保温与结构一体化技术产品能够有一个合理的定位，便于人们更好地理解和掌握。

建筑墙体保温与结构一体化的概念是在2009年5月住房和城乡建设部召开的"首届新型建筑结构体系——节能与结构一体化技术研讨会"上提出的，当时只是从建筑墙体保温与结构一体化体系的组成和建造方式上作了阐述，没有真正对概念的定义作出界定。经过近几年建筑墙体保温与结构一体化的发展和应用实践，对其概念有了进一步的认识和理解。建筑墙体保温与结构一体化中的墙体保温通常是指通过热工计算能够达到节能标准要求的保温材料；结构是指建筑物的围护结构墙体；一体化就是将建筑围护结构墙体与保温材料融为一体形成的结构复合保温墙体。

建筑墙体保温与结构一体化，通俗地讲就是不再给建筑"套棉衣"，而是通过采取一定的技术措施，采用相应的墙体材料及配套产品，使墙体本身的热工性能等指标达到节能标准要求，实现集保温隔热功能与围护结构功能于一体的建筑节能技术。

具体地讲，建筑墙体保温与结构一体化技术是指节能措施在满足现行建筑节能要求的前提下，以节能措施与主体结构使用年限、耐火极限相匹配为目标，以结构的传热系数、耐久性、燃烧等级、耐火极限、综合经济评价等指标为依据，符合热工分区特点、原材料及部品供应，并与结构同步设计、同步施工的相关技术。

在相关标准规程中，建筑墙体保温与结构一体化相对规范和较为严谨的术语如下。

建筑墙体保温与结构一体化是集建筑保温功能与墙体围护功能于一体，墙体不需另行采取保温措施即可满足现行建筑节能标准要求，实现保温与墙体同寿命的建筑节能技术。

通过以上论述，对建筑墙体保温与结构一体化的涵义有了相对明确的界定。建筑墙体保温与结构一体化不是特指某一项节能技术或某一种节能体系，而是一个宽泛的概念，其内涵应包括三个方面的内容：一是建筑墙体保温应与结构同时施工，即建筑主体结构将保温材料与结构融为一体，同时保温层外侧应有足够厚度的防护层；二是施工后结构外墙体无需再做保温即能满足现行建筑节能标准要求；三是能够实现建筑保温与墙体同寿命。也即是指结构、围护、保温三个功能于一体，实现墙体保温与结构的同步设计、同步施工和验收，不需另行采取二次保温措施，即可满足节能设计标准要求。

一体化技术有效解决了墙体保温工程开裂、脱落等质量问题，同时避免了消防安全隐患，从而达到了建筑保温与墙体同寿命的目的。与传统的外保温技术相比，一体化技术具有四大突出优势：

一是保温节能措施与墙体同步施工，实现了与建筑物同寿命，保温层不再需要多次维修、更换；

二是保温材料置于墙体之中，采用现场装配或混凝土浇筑等方式施工，有效避免了外保温工程存在的空鼓、开裂、脱落等质量问题，最大限度地消除了工程消防安全隐患；

三是具有良好的保温隔热性能，完全能够满足现行建筑节能设计标准，通过采取进一步的技术措施还可达到更高的节能要求；

四是可以有效缩短施工工期，减少人工和材料消耗，从而降低建筑成本，具有较好的综合效益。

2.1.2　建筑墙体保温与结构一体化的特点

建筑墙体保温与结构一体化将保温材料与结构融为一体，产品构件由工厂预制生产，保温与墙体同步施工，缩短了工期，提高了工效，便于产业化发展，其主要特点如下。

（1）建筑保温与墙体同寿命　建筑墙体与保温同步设计，同步施工，集建筑保温功能与墙体围护功能于一体并采取了可靠的抗裂措施，实现了建筑保温与墙体同寿命，具体表现是各种一体化技术是将保温材料与结构融为一体。IPS现浇混凝土剪力墙自保温体系、FS外（Formwork-System）模板现浇混凝土复合保温体系、CL（Composite-Light）结构保温体系都是将预制保温构件与混凝土浇筑在一起；砌体结构自保温体系和装配式预制混凝土复合保温墙板结构体系都是将保温材料复合于砌体或混凝土空心壳体内部，免受室外环境影响。两种方式都能实现保温与墙体同寿命的目的。

（2）集保温与结构防火于一体　一体化技术采用复合保温结构形式，保温材料被界面砂浆或混凝土包裹，建筑施工和使用过程中有效避免了火灾现象的发生。该形式主要是采用结构防火的理论和技术方法，从根本上解决建筑保温工程的防火问题，一是一体化工程使用的复合保温板、复合保温砌块等全部采用工厂预制化生产，聚苯板、挤塑板等保温材料被界面砂浆或混凝土包裹，在施工过程中消除了火灾安全隐患；二是工程竣工后，保温材料处于墙体内部，保护层厚度为30～50mm，防火性能大大提高。经试验检测和消防安全论证，建筑墙体保温与结构一体化从根本上杜绝消防隐患，防火性能优越，满足国家有关消防安全的要求。

(3) 保温工程质量安全可靠　一体化技术产品工厂化生产过程规范，产品质量稳定，施工过程减少了二次保温施工环节，避免了偷工减料现象的发生，保证了保温工程的质量和安全。

我国建筑保温行业在多年的发展中，建筑保温产品存在着生产企业规模小、技术水平低，价格竞争失衡、工程监管不到位等问题，致使外墙外保温工程开裂、脱落、火灾等问题时有发生，严重制约了建筑节能工作的健康持续开展；而各类一体化技术产品保温构件生产全部采用工厂化预制，工艺控制严格，质保体系完善，产品质量稳定可靠，在工程施工过程中减少了现场湿作业工序，建设、施工单位无造假可乘之机，有效避免了偷工减料现象的发生，确保了建筑工程质量。

(4) 有利于建筑节能产业化发展　一体化技术建筑保温构件全部采用工厂预制化生产，有利于建筑保温行业向集成化、规模化、产业化发展。

联合国经济委员会对于产业化的定义为：生产的连续性、生产物的标准化、生产过程各阶段的集约化、工程高度组织化、尽可能用机械化作业代替人的手工劳动、生产与组织一体化的研究与开发。具体到建筑行业，产业化应达到设计标准化、生产自动化、施工装配化的规模化发展目标，建筑墙体保温与结构一体化将技术产品实现了从单一功能向多种功能的集成转变，从分散生产向集约化转变，从现场技术产业向着集成化和规模化发展。

2.1.3　推广建筑墙体保温与结构一体化的意义

一体化技术是在借鉴吸收多种先进适用技术的基础上，经过长期研究、创新而形成的，是一项符合国情、科技含量较高的新型实用建筑节能技术体系，是对传统建筑节能设计和施工工艺的一次重大变革。推广一体化技术的意义和必要性体现在以下几点。

(1) 全面实施一体化技术，是从根本上解决外墙外保温质量隐患的唯一途径　我国北方采暖地区的节能建筑绝大部分墙体保温采用粘贴聚苯板等外墙外保温技术，开裂、脱落、空鼓、保温性能衰减等质量通病突出。外墙外保温技术理论使用年限仅为 25 年。由于外墙外保温施工市场竞争激烈，致使外保温工程质量参差不齐，势必造成外保温工程维修、更换时间比理论预期大大提前，大量的新建建筑很快成为“既有建筑节能改造”的对象。更换保温层会产生巨额费用，及大量建筑垃圾等。一体化技术完全可以解决上述问题。

(2) 全面实施一体化技术，是解决墙体保温与消防安全问题的一个最佳方式　传统的外墙外保温技术 90% 采用可燃的有机材料，且保温材料的保护层不能达到耐火要求，因此而引发的火灾一次次向人们敲响警钟。尤其是在建筑物投入使用之后，对人民的生命和财产安全构成巨大威胁，近年来几起较大的火灾事故就是有力的证明。公安消防部门对此高度关注，对防火材料使用等做出了严格的规定。一体化技术设置的混凝土或砂浆等的 A 级材料保护层，可以使采用 B 级保温材料的墙体整体达到构件耐火极限的要求。

(3) 全面实施一体化技术，是从源头上控制建筑保温质量的一个有效手段　建筑保温工程作为一种隐蔽工程，一旦施工完毕难以再进行全面检查和测试。如果在施工过程中控制得不严，极易出现人为的保温层厚度不够、保温板质量不达标、保温做法不按规定进行等情况。由于一体化技术包括保温层在内的核心构件，目前已经基本实现了工厂化生产，保温层的质量、厚度以及节能指标都相对比较稳定。各个环节都能够很好地把关，可以防止施工过程中人为因素产生的质量问题，这就能够从源头上控制建筑保温的质量。

总之，推广应用建筑墙体保温与结构一体化技术，是推动我国建筑节能深入发展的迫切需要，是确保建筑工程质量安全的重要举措，是提升我国建筑行业发展水平的有效途径。推广应用一体化技术，有利于进一步激发广大建设科技工作者开展科技创新的积极性，促进科技成果转化为现实生产力；有利于提升建筑行业的科技含量、推动建筑业转型升级；有利于带动钢筋、混凝土、保温材料等相关产业的发展壮大，是一件"一举三得"的大好事。

2.2 建筑墙体保温与结构一体化技术分类

目前，建筑墙体保温与结构一体化按照外墙体结构形式分为现浇混凝土结构复合墙体保温体系、砌体自保温体系、夹芯保温复合砖砌体结构体系、装配式混凝土复合墙板保温体系四种类型。

2.2.1 现浇混凝土结构复合墙体保温体系

现浇混凝土结构复合墙体保温体系是以工厂预制的保温构件为保温层，施工过程中将其与现浇混凝土构件浇筑在一起而形成的复合保温结构体系，该体系适用于剪力墙结构、框架结构和框架-剪力墙结构的建筑。目前比较常用的有 FS（Formwork-System）外模板现浇混凝土复合保温体系、CL（Composite-Light）结构保温体系和 IPS（Insulation Panel with Steel-mesh）现浇混凝土剪力墙自保温体系等。

2.2.1.1 FS 外模板现浇混凝土复合保温体系

（1）技术体系概述 FS 外模板现浇混凝土复合保温体系以 FS 复合保温外模板为永久性外模板，内侧浇筑混凝土，外侧做水泥砂浆抹面层及饰面层，通过连接件将 FS 复合保温外模板与混凝土牢固连接在一起而形成的保温结构体系，简称 FS 外模板复合保温体系，其结构详见图 2-1。

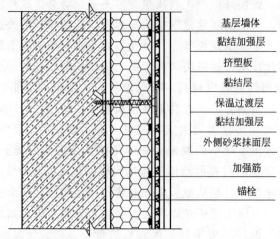

基层墙体
黏结加强层
挤塑板
黏结层
保温过渡层
黏结加强层
外侧砂浆抹面层
加强筋
锚栓

图 2-1 FS 外模板复合保温体系

（2）体系构造及特点　FS 外模板复合保温体系核心构件 FS 永久性复合保温外模板是经工厂化预制在现浇混凝土墙体施工中起外模板作用的复合保温板，由保温层、加强肋、保温过渡层、内（外）侧黏结加强层等部分构成，简称 FS 复合保温外模板。保温层通常为挤塑板，若其他保温板的力学性能和热工性能相同或接近的话，通过试验验证后也可使用；内侧设置黏结加强层，增加了保温板与现浇混凝土的拉伸黏结强度；外侧的加强肋增加了保温模板的抗弯性能和抗冲击强度；保温过渡层缓解了保温模板因环境变化产生的应变，有效提高了板材的各项性能。

该保温体系具有以下特点。

① 设计施工技术简便。建筑结构设计时，现浇混凝土框架（框剪）结构的承重结构形式不变，仍按现行标准规范设计，其设计标准和计算软件齐全。FS 复合保温外模板仍按传统模板工程施工工艺施工，可操作性强，易于推广应用。

② 实现了保温与建筑墙体同寿命。将 FS 复合保温外模板与框架（框剪）结构的梁柱及剪力墙等现浇混凝土构件浇筑在一起，并通过连接件与现浇混凝土结合为整体，达到了同步设计、同步施工、同步验收的技术要求，实现了保温与建筑墙体同寿命的目的。

③ 具有良好的力学性能和保温性能。FS 复合保温外模板采用多层结构设计形式，由挤塑保温板、内外黏结增强层和保温过渡层等组成，具有良好的力学性能和保温性能，可直接做外模板使用。

④ 具有良好的防火性能。保温层内外两侧被聚合物砂浆包覆，施工和使用过程中可有效避免火灾隐患。

⑤ 有效避免质量通病。在复合保温外模板中设置了保温过渡层，采取了柔性渐变设计理念，缓解了保温模板因环境变化产生的应变，避免了抹面层空鼓、开裂等质量通病问题。

⑥ 产品质量稳定。FS 复合保温外模板全部采用工厂化预制生产，产品质量稳定。

⑦ 提高了综合效益。FS 复合保温外模板可直接用作现浇混凝土结构工程的外模板，将保温与模板合二为一，减少了施工工序和模板用量，无须再做其他保温处理，提高了施工效率，降低了工程综合造价。

（3）适用范围　FS 外模板复合保温体系适用于设防烈度 8 度及 8 度以下地区工业与民用建筑框架结构、框剪结构、剪力墙结构的柱、梁、外墙、采暖空间与非采暖空间的楼板等现浇混凝土节能工程。

2.2.1.2　CL 结构保温体系

（1）技术体系概述　CL 结构保温体系是一种复合剪力墙结构体系，其核心构件是一种在工厂内定制生产的"钢筋立体焊接网架保温夹芯板（简称'CL 网架板'）"，通过在施工现场将保温板两侧浇筑混凝土后，形成的集受力、保温于一体的现浇钢筋混凝土复合剪力墙，简称"CL 复合剪力墙"或"CL 墙板"，见图 2-2。该种复合剪力墙主要用于建筑物的外墙、不采暖楼（电）梯间墙、分户墙等有保温、隔声要求部位的墙体。CL 复合剪力墙与其他室内普通剪力墙及现浇楼板（屋盖）共同构成建筑物的主体结构。

CL 网架板是由两层或两层以上起受力或构造作用的钢筋焊网，中间夹以保温板，用三维斜插钢筋（简称"腹筋"）焊接形成的板式钢筋焊接网架。其钢筋的直径、间距及组合规格根据设计承载要求及工厂化生产模数确定。保温芯板的材质及厚度则根据当地节能标准选用。CL 网架板是在生产车间由生产线根据图纸设计要求定制加工，无须现场二次加工裁剪，作为集墙体受力钢筋、保温层于一体的部品直接提供给施工现场。

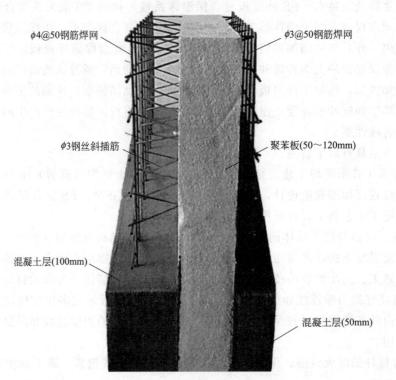

φ4@50钢筋焊网
φ3@50钢筋焊网
φ3钢丝斜插筋
聚苯板(50～120mm)
混凝土层(100mm)
混凝土层(50mm)

图 2-2　CL 结构保温体系

（2）体系特点　CL 结构保温体系以合理的设计理论、优良的材料组合、文明的施工方法、现代化的生产手段组成全新的结构保温体系。在满足并调高墙体节能标准的同时，实现了墙体节能与结构耐久性、消防安全、建筑工业化的一体化目标，在未来的城镇化建设、绿色建筑实施等领域具有显著的技术优势。

（3）适用范围　CL 结构保温体系可广泛应用于 8 度及 8 度以下抗震设防地区的民用建筑。

2.2.1.3　IPS 现浇混凝土剪力墙自保温体系

（1）技术体系概述　IPS（Insulation Panel with Steel-mesh）现浇混凝土剪力墙自保温体系，简称 IPS 自保温体系，是以工厂制作的 XPS（EPS）单面镀锌钢丝网架板（简称 IPS 板）为保温层，IPS 板两侧同时浇筑混凝土后形成的结构自保温体系。

（2）结构构造及特点　IPS 自保温体系是由内侧现浇混凝土剪力墙、IPS 板、外侧现浇混凝土防护层 50mm，HPB300 直径 6mm 钢筋锚固连接件及制成定位块构成，其体系构造见图 2-3。

IPS 自保温体系主要具有以下性能特点。

① 体系中的钢丝网架板通过外侧钢丝网片、腹丝和锚固连接件与剪力墙钢筋牢固连接并浇筑在一起，实现了墙体保温与结构同步施工，减少了施工工序，有效解

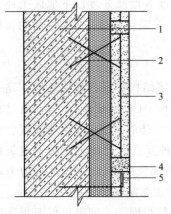

图 2-3　IPS 自保温体系构造详图
1—内侧普通剪力墙；2—IPS 板（包括保温层、钢丝网片、腹丝、界面砂浆层）；3—外侧混凝土防护层 50mm；4—支撑定位块；5—锚固连接件（φ6 钢筋）

决了外墙外保温工程中易空鼓、开裂、渗水、脱落,火灾安全隐患大等质量安全问题。

② IPS 自保温体系的承重结构为内侧剪力墙,结构设计不考虑体系中外侧 50mm 现浇混凝土层的受力作用。内侧剪力墙仍按照《混凝土结构设计规范》(GB 50010)、《高层建筑混凝土结构技术规程》(JGJ 3) 和《建筑抗震设计规范》(GB 50011) 等国家现行标准、规范的规定执行,但应考虑外侧混凝土层的自重对竖向荷载和地震力的影响。

③ IPS 板外侧均匀设置支撑定位块,使保温板与钢丝网片之间、钢丝网片与外模板之间的距离得到了有效控制,既保证了钢丝网片的混凝土保护层厚度,又防止了保温板在混凝土现场浇筑过程中受侧压力向外的偏移。垫块工厂预制,不需现场制作,安装方便。

④ IPS 板在工厂由界面砂浆层包覆,既增加了保温板与剪力墙混凝土的黏结力,又提高了施工过程中保温材料的防火性能,满足建筑墙体保温工程的消防安要求。

⑤ 采用 HPB300 直径 6mm 的钢筋作为锚固连接件,大大增加了 IPS 板与墙体结构的拉结强度,确保连接安全可靠。

(3) 适用范围　IPS 自保温体系适用于 8 度及 8 度以下抗震设防地区新建、改建和扩建的民用与工业建筑现浇混凝土剪力墙节能工程。

2.2.2　砌体自保温体系

为满足现行建筑节能设计标准要求的复合自保温砌块(砖)为墙体围护材料,采取薄灰缝或专用砂浆砌筑,梁、柱等热桥部位采用耐久性好的复合保温板同时浇筑一起后形成的结构自保温体系,分为非承重砌体自保温体系和承重砌体自保温体系两种。非承重砌体自保温体系适用于框架结构、框剪结构的填充墙部位,目前常用的自保温砌块主要包括混凝土复合自保温砌块、烧结复合自保温砌块、发泡混凝土自保温砌块、粉煤灰多排孔自保温砌块等;承重砌块自保温体系适用于砌体结构的墙体保温工程,目前常用的主要有承重混凝土自保温多孔砖、承重混凝土自保温砌块等。

2.2.2.1　非承重砌块自保温体系

(1) 技术体系概述　非承重砌块自保温体系是以非承重自保温砌块为墙体围护材料,采用专用砂浆砌筑,梁、柱等热桥部位采用耐久性好的保温一体化板等方式处理后形成的保温与建筑墙体同寿命的技术体系。

非承重自保温砌块目前主要有混凝土复合自保温砌块、烧结复合自保温砌块、发泡混凝土自保温砌块、粉煤灰多排孔自保温砌块等;配套材料主要有保温一体化板、专用砌筑砂浆和抹面砂浆、抗裂砂浆、界面砂浆、后热镀锌电焊网、耐碱玻璃纤维网布和锚固件等。

(2) 构造及特点　非承重砌块自保温体系的外围护墙体采用自保温砌块填充,梁、柱、剪力墙等热桥部位采用保温一体化板与混凝土整体现浇,自保温砌块填充墙外侧与保模一体化板平齐,不同材料结合处采取抗裂措施。该体系具有以下特点。

① 优良的保温隔热性能。自保温砌块组成的墙体采用专用砌筑砂浆砌筑(或薄缝砌筑),外形通长采用特殊型式设计,减少了砌体灰缝热量损失,改善了保温隔热性能。

② 自重轻、强度高、收缩率低。自保温砌块经特殊配合比设计,在提高热工性能的同时,改善了砌块的力学强度和吸水憎水性能,降低了干燥收缩率,有效避免了墙体空鼓、开裂、渗水等砌块墙体质量通病问题。

③ 优良的防火性能。自保温砌块由无机材料制备或外部被无机材料包覆,防火性能优良,无火灾安全隐患。而梁柱等部位使用的保温一体化板被聚合物水泥砂浆完全包覆,整个

自保温体系具有良好的防火性能。

④ 建筑保温与墙体同寿命。体系外围护墙体填充自保温砌块，梁、柱等热桥部位采用耐久性能优良的保温一体化板现场浇筑成型，实现了保温与建筑物整体同寿命的目的。

⑤ 降低了工程造价。自保温体系外墙体不需要作其他保温处理，减少工序，提高施工效率，缩短了工期，降低工程综合造价。

（3）适用范围　非承重砌块自保温体系适用于 8 度及 8 度以下抗震设防地区的新建、改建和扩建的民用建筑框架结构、框架-剪力墙结构的填充墙工程。

2.2.2.2　承重混凝土多孔砖自保温结构体系

（1）技术体系概述　承重混凝土多孔砖自保温结构体系是建筑外墙用自保温承重混凝土多孔砖砌筑，混凝土构件等热桥部位采用 XPS 单面复合板或 FS 复合保温外模板同时浇筑的保温隔热措施组成的，集保温隔热和承重功能于一体的建筑结构体系。

（2）体系结构构造及特点　承重混凝土多孔砖自保温结构体系由自保温承重混凝土多孔砖（以下简称保温砖，构造见图 2-4）、XPS 单面复合板、砌筑砂浆、保温浆料、耐碱玻璃纤维网布、抗裂砂浆等部分构成。

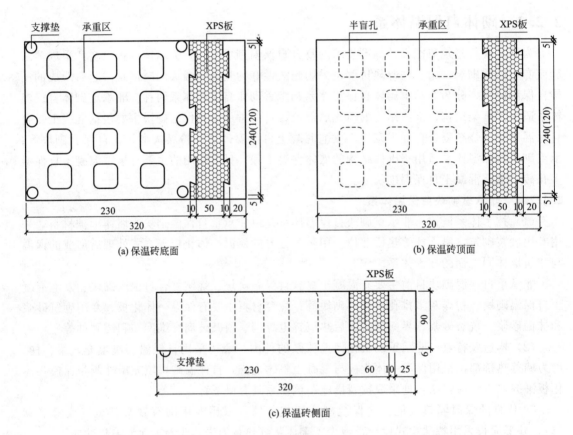

(a) 保温砖底面　　　　　　　　　　　　　(b) 保温砖顶面

(c) 保温砖侧面

图 2-4　保温砖构造图

该体系采用保温砖砌筑，对"冷桥"部位采用了合理的保温构造措施，主要具备以下特点：①保温层与墙体同寿命；②结构与保温同步施工，省去了传统外墙外保温的多道复杂工序，减少了施工工序；③该体系经济合理，施工方便，比传统的砌体结构外保温墙体综合造价低。

（3）适用范围　承重混凝土多孔砖自保温结构体系，适用于抗震设防烈度 8 度及 8 度以下地区砌体结构的多层居住建筑和公共建筑。

2.2.3　夹芯保温复合砖砌体结构体系

（1）技术体系概述　夹芯保温复合砖砌体结构体系以普通砖、多孔砖等为墙体砌筑材料，墙体设置外叶墙（非承重）和内叶墙（承重），中间为夹芯保温层，辅以节点部位保温构造措施后形成的保温结构体系。夹芯保温砌体砌筑材料包括普通砖（烧结砖、蒸压砖、混凝土砖）、多孔砖（烧结、蒸压、混凝土多孔）、多孔砌块等新型墙体材料，夹芯保温材料包括现场浇筑脲醛树脂（UF）泡沫材料、聚苯板（EPS）、挤塑板（XPS）、硬泡聚氨酯板（PU）等。

夹芯保温复合砖砌体结构体系是一种集承重、保温、围护功能于一体的新型建筑节能与结构一体化体系。西方国家早已普遍用于低层、多层砌块结构的保温隔热设计中。我国现行《砌体结构设计规范》（GB 50003）已对这种墙体结构的构造作出明确要求，《全国民用建筑工程设计技术措施》（结构）对这种墙体提出了较完善的技术措施。

（2）结构构造及特点　夹芯保温复合砖砌体结构体系是以普通砖、多孔砖等为墙体砌筑材料，墙体设置外叶墙（非承重）和内叶墙（承重），中间为夹芯保温层，辅以节点部位保温构造措施后形成的保温与建筑物同寿命的结构体系。该体系主要有以下特点：

① 夹芯保温复合砖砌体设计使用年限长，保温层可与砌体房屋同寿命；

② 防火性能好，耐火极限高，能达到一级防火要求；

③ 夹芯保温复合砖砌体结构体系性价比高；

④ 施工方便，保温层材料采用现场注入；

⑤ 热工性能良好，保温材料充满夹层空间，无接缝缝隙，热桥减少；

⑥ 夹芯保温复合砖砌体墙体所用材料取材方便，可采用普通砖（包括烧结砖、蒸压砖、混凝土砖）、多孔 L 砖（包括烧结、蒸压及混凝土多孔）等砌体材料。

（3）适用范围　夹芯保温复合砖砌体结构体系适用于抗震设防烈度 8 度及 8 度以下地区的夹芯保温复合砖砌体的居住建筑。

2.2.4　装配式混凝土复合墙板保温体系

装配式混凝土复合墙板保温体系以钢结构或钢筋混凝土结构为框架，将工厂化预制好的复合保温墙板安装固定在框架梁柱上形成的保温体系，该体系适用于框架结构、框架-剪力墙结构的墙体保温工程。按照施工工艺，复合保温墙板既可与框架梁、柱一体浇注，也可以后置安装固定。目前比较常用的有 SK 装配式墙体自保温体系、AESI 装配式墙板自保温体系等。

2.2.4.1　SK 装配式墙板自保温体系

（1）技术体系概述　SK 装配式墙板自保温体系，是集建筑节能与墙体围护于一体，使房屋建筑墙体实现防火、保温结构一体化，保温与建筑墙体同寿命的节能技术。该体系设计构思新颖，建筑节能方法合理，技术先进，将建筑墙体传统施工工艺转变为工厂内机械化完成，墙板安装与框架结构施工同步进行，内置保温层不存在火灾隐患，适应建筑节能和防火要求，对实现建筑节能与结构一体化、促进节能建筑工业化发展具有深远的意义。

（2）结构构造及特点　SK 墙板是用双向交叉镀锌钢丝网架，预制连接两面专用高性能混凝土面板。两面板之间形成的空腔内，根据不同热工性能要求，填充性能优异的保温、隔热材料，形成与建筑同寿命内置保温层。根据建筑层高和开间尺寸预制成大板，并同时形成门窗洞口、门窗套及各种建筑饰面的非承重整体外墙板，安装时附于框架结构的外侧，先安装墙板、后浇框架混凝土，使其建筑的外墙全部采用外墙板装配而成，不存在"冷桥"问题，见图2-5。

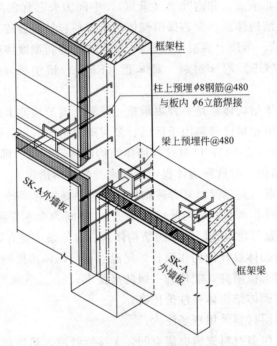

图 2-5　SK 外墙板与框架结构连接构造

双向交叉镀锌钢丝网架、专用高性能混凝土面板、与建筑墙体同寿命内置保温层是构成SK 墙板的三大构造特点。

① 双相交叉镀锌钢丝网架。双向交叉镀锌钢丝网架是 SK 墙板的骨架，它是由 $\phi 2$ 的镀锌钢丝制成方孔为 $60mm \times 60mm$ 的上下两网片，用 $\phi 4$ 的镀锌钢丝连接，形成桁架垂直交叉形成空间支撑，经机械焊接而成。

② 专用高性能混凝土。专用高性能混凝土是在大幅度提高普通混凝土性能基础上，以耐久性、抗裂性为主要设计指标，保证其工作性、适用性、强度和经济性，选用优质原材料，且必须掺加足够数量矿物细掺料和高效外加剂，采用现代混凝土技术制作的混凝土，它的耐久性和抗裂性远远好于普通混凝土。

③ 与墙体同寿命的保温层。SK 墙板的空腔设计，大大节省了原材料，减小了墙板的自重，真正做到了轻质高强，还为复合内置保温层及保证保温层质量创造了良好条件。通过向空腔内浇注硬泡聚氨酯等，可使整个空腔变成高质量的内置保温层。当 SK 墙板应用于工程时，使内置保温层位于封闭空间，处于静止状态，免受紫外线照射和火灾侵害，从而形成了与墙体同寿命的保温层。

（3）适用范围　SK 墙板的风荷载设计值为 $3.1 kN/m^2$，适用于基本风压不大于 $0.7 kN/m^2$、地面粗糙度 B 类地区，高度不大于 40m，抗震设防烈度 8 度及 8 度以下地区的民用建筑和工业建筑使用。

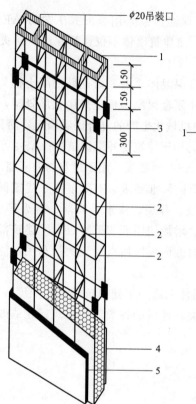

1—端部钢板骨架；2—钢筋骨架；3—BM预埋件；
4—EPS芯板；5—专用轻质混凝土

(a) AS墙板标准板构造示意图

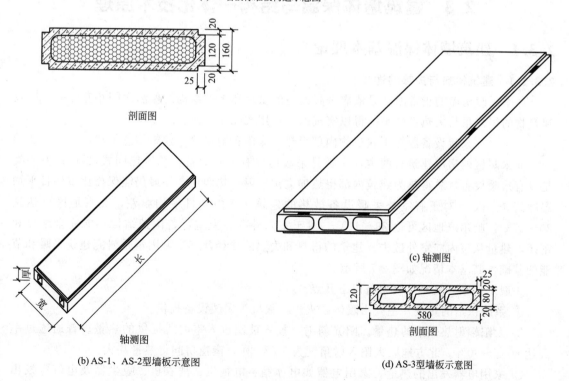

剖面图

(b) AS-1、AS-2型墙板示意图

(c) 轴测图

剖面图

(d) AS-3型墙板示意图

图 2-6 AS 墙板构造示意图

2.2.4.2 AESI 装配式墙板自保温体系

（1）技术体系概述　AESI 装配式墙板自保温体系采用装配式工艺将 AESI 复合保温墙板通过预埋件与框架梁、柱、板连接在一起，使建筑墙体不仅达到保温、防火要求，而且实现了与建筑墙体同寿命的目的。

（2）结构构造及特点　AESI 装配式墙板自保温体系主要由钢筋混凝土框架、框剪结构的梁柱及 AESI 复合保温墙板等组成，其中 AESI 复合保温墙板是采用钢筋骨架，两侧浇筑专用轻质混凝土，中间填充 EPS 保温芯材，工厂内机械化生产的复合保温墙板，简称 AS 墙板，其结构形式见图 2-6。AS 墙板包括 AS-1 型墙板，用于建筑物外围护结构；AS-2 型墙板，用于住宅分户墙、楼梯间墙、变形缝两侧墙等部位；AS-3 型墙板，用于建筑物内隔墙。

该体系具有以下特点：①体系满足现行节能标准要求，有效解决了建筑保温墙体的整体性和耐候性问题；②避免了保温外墙体易空鼓、开裂、渗水、脱落、着火等质量安全隐患；③具有安装方便、保温、防火、抗震性能好、增加使用面积等特点；④建筑部件采用整体设计、工厂化预制生产、装配式干法施工；⑤两侧面板所用混凝土大量利用水渣、粉煤灰、污泥等废料，保护了生态环境和土地资源。

（3）适用范围　AESI 装配式墙板自保温体系适用于建筑抗震设防烈度 8 度及 8 度以下，基本风压不大于 $0.7kN/m^2$（地面粗糙度 B 类）地区的各类民用建筑新建或改扩建工程，建筑主体高度不超过 50m。

2.3　建筑墙体保温与结构一体化技术原理

2.3.1　建筑墙体保温基本理论

2.3.1.1　建筑得热与失热的途径

冬季采暖房屋的正常温度是依靠采暖设备的供暖和围护结构的保温之间相互匹配，以及建筑物的得热量与失热量的平衡得以实现的。可用式（2-1）表示：

$$采暖设备散热＋建筑物内部得热＋太阳辐射得热＝建筑物总得热 \qquad (2-1)$$

非采暖区的房屋建筑有两类：一类是采暖房屋有采暖设备，总得热同式（2-1）；另一类是没有采暖设备，总得热为建筑内部得热加太阳辐射得热两项，一般仍能保持比室外日平均温度高 3～5℃，对于有室外采暖设备散热的建筑，室内外日平均温差，北京地区可达到 20～27℃，哈尔滨地区可达 28～44℃。对于室内外存在温差，若围护结构不能完全绝热和密闭，热量从室内向室外散失。建筑的得热和失热的途径及其影响因素是研究建筑采暖和节能的基础，其基本情况如图 2-7 所示。

一般房屋中建筑得热因素有以下几点。

① 系统供给的热量。主要由暖气、火炉、火坑等采暖设备提供。

② 太阳辐射热供给的热量。阳光斜射，投入玻璃进入室内所提供的热量。普通透过率高达 80％～90％。北方地区太阳入射角度为 13°～30°，南窗房间得热量甚大。

③ 家用电器发出的热量。家用电器如电冰箱、电视机、洗衣机、吸尘器及电灯等发出的热量。

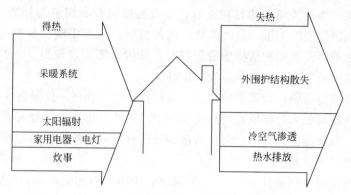

图 2-7 建筑物得热与失热因素示意图

④ 炊事及烧热水散发的热量。

⑤ 人体散发的热量。

一般房屋中建筑失热因素有以下几点。

① 通过外墙、屋顶和地面产生的热传导损失，以及通过窗户造成的传导和辐射传热损失。

② 由于通风换气和空气渗透产生的热损失。其途径可由门窗开启、门窗缝隙、烟囱、透气孔以及穿墙管孔隙等。

③ 由于热水排入下水道带走的热量。

④ 由于水分蒸发形成水蒸气外排散失的热量。

2.3.1.2 建筑传热的方式

建筑物内外热流的传递状况是随发热体（热源）的种类、受热体（房屋）部位及其媒介（介质）围护结构的不同情况而变化的。热流的传递称为传热，传热的方式可分为辐射、对流和导热三种方式。

（1）辐射传热 辐射传热又称热辐射，是指因热的原因而产生的电磁波在空间的传递。物体将热能变为辐射能，任何物体，只要温度高于 0K，就可不停地向周围空间发出热辐射能，以电磁波的形式在空中传播，当遇到另一物体时，又被全部或部分地吸收而转变为热能。如铸铁散热器采暖通常靠热辐射的形式把热量传递给空气。

由于物体具有一定的温度，其表面便发射出电磁波，这种电磁波射至另外物体的表面，即转化为热。邻近的两物体，相互发射波长不同的电磁波，高温物体发射的电磁波主力波长较短，低温物体发射的电磁波主力波长较长。两者不断进行热交换，由于物体的热辐射与其表面的热力学温度的四次方称正比，因此温差越大，由高温物体向低温物体转移的热量便越多。人与周围始终存在热交换，冬天靠窗坐时，感觉特别冷；屋顶保温不好，冬冷夏热，均因热交换量加大的缘故。不同的物体向外界辐射放热的能力不同，一般建筑材料，如砖石、混凝土、油漆、玻璃、沥青等辐射放热的能力很强，发射率高达 0.85～0.95，而有些材料辐射放热的性能可以达到建筑节能的效果。

（2）对流传热 对流传热是指具有热能的气体或液体在移动过程中进行热交换的传热现象。在采暖房间中，采暖设备周围的空气被加热升温，密度减小，邻近的较冷空气，密度较大，下沉，形成对流传热；在门窗附近，由缝隙进入的冷空气，温度低，密度大，流向下部，热空气则由上部逸出室外；在外墙和外窗内表面温度较低，室内热空气被冷却，密度增大而下降，热空气上升，又被冷却下沉形成对流传热。

对于采暖建筑，当围护结构质量较差时，室外温度越低，则窗与外墙内表面温度也越低，邻近的热空气迅速变冷下沉，散失热量，这种房间，只在采暖设备附近及其上部较暖，外围特别是下部则很冷；当围护结构质量较好时，其内表面温度较高，室温分布较为均匀，无急剧的对流传热现象产生，保温节能效果较好。

（3）导热　导热是指物体内部的热量由一高温物体直接向另一低温物体转移的现象。这种传热现象是两直接接触的物体质点的热运动所引起的热量传递。一般来说，密实的重质材料，导热性能好，而保温性能差；反之，疏散的轻质材料，导热性能差，而保温性能好。材料的导热性能以热导率表示。

热导率是指在稳定传热条件下，1m 厚的材料，两侧表面的温差为 1K 或 1℃，在 1h 内，通过 $1m^2$ 面积传递的热量，单位为 W/(m·K) 或 W/(m·℃)。热导率与材料的组成结构、密度、含水率、温度等因素有关。通常把热导率较低的材料称为保温材料，把热导率在 0.05W/(m·K) 以下的材料称为高效保温材料。普通混凝土的热导率为 1.74W/(m·K)，黏土砖砌体为 0.81W/(m·K)，玻璃棉、岩棉和聚苯乙烯的热导率为 0.04～0.05W/(m·K)。

建筑物的传热通常是辐射、对流、导热三种方式同时进行、综合作用的结果。

以屋顶某处传热为例，太阳照射到屋顶某处的辐射热，其中 20%～30% 的热量被反射，其余一部分热量以导热的方式经屋顶的材料传向室内，另一部分则由屋顶表面向大气辐射，并以对流传热的方式将热量传递给周围的空气，如图 2-8 所示。

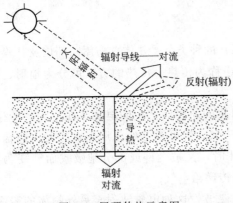

图 2-8　屋顶传热示意图

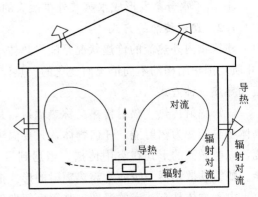

图 2-9　室内外传热示意图

又如室内传热情况，火炉炉体向周围产生辐射传热，与室内空气发生导热传热，室内空气被加热部分与未加热部分产生对流传热。室内空气温度升高和炉体热辐射作用，使外围结构的温度升高，这种温度较高的室内热量又向温度较低的室外流散，如图 2-9 所示。

按照传热过程的状态分类可分为稳态传热和非稳态传热。

稳态传热：在传热系统中各点的温度分布不随时间而改变的传热过程。稳态传热时各点的热流量不随时间而变，连续生产过程中的传热多为稳态传热。外窗保温性能测试过程就是按照稳态传热过程的机理实现的。

非稳态传热：传热系统中各点的温度既随位置而变又随时间而变的传热过程。冬季室内外温差变化情况下，墙体、外窗、屋顶等围护结构的传热为非稳态传热。

2.3.1.3　建筑保温与隔热

（1）建筑保温　建筑保温通常是指围护结构在冬季阻止室内向室外传热，从而保持室内适当温度的能力。保温是指冬季的传热过程，通常按稳定传热考虑，同时考虑不稳定传热的一些影响。

围护结构是指建筑物及其房间各面的围护物，分为透明和不透明两种类型。不透明围护结构有墙、屋面、地板、顶棚等；透明围护结构有窗户、天窗、阳台门、玻璃隔断等。按是否与室外空气直接接触，又可分为外围护结构和内围护结构。与外界直接接触者称为外围护结构，包括外墙、屋面、窗户、阳台门、外门以及不采暖楼梯间的隔墙和户门等。不需特别指明情况下，围护结构即指外围护结构。

保温性能通常用传热系数值或绝缘系数值来评价。传热系数原称总传热系数，现通称传热系数。传热系数 K 值，是指在稳定传热条件下，围护结构两侧空气温差为 1K 或 1℃，1s 内通过 $1m^2$ 面积传递的热量，单位是 $W/(m^2 \cdot K)$ 或 $W/(m^2 \cdot ℃)$

热绝缘系数原理称总传热阻，现统称为绝缘系数。热绝缘系数 R 值是传热系数 K 的倒数，即 $R = 1/K$，单位是 $m^2 \cdot K/W$ 或 $m^2 \cdot ℃/W$。围护结构的传热系数 K 值越小，或热绝缘系数 R 值越大，则保温效果越好。

根据相关理论公式，可得出以下结论。

① 围护结构材料的热导率值 λ 越小，外、内表面的表面传热系数 α_e、α_i 越小，围护结构的厚度 δ 越大，则围护结构传热系数也越小，单位时间内通过围护结构的热量 q 值就越小，建筑保温效果越好。

② 建筑围护结构的传热量 q 与其围护结构的面积 A 成正比，因此在其他条件相同时，建筑物采暖耗热量随体形系数 S 的增大而增大，而不是成正比关系。

建筑物的体形系数 S 是指建筑物接触室外大气的表面积 A，与其所包围的体积 V_0 的比值，即 $S = A/V_0$。其含义为单位建筑体积所分摊到的外表面积。

可见，体积小、体形复杂的建筑，以及平房和低层建筑体形系数较大，对节能不利；体积大、体形简单的建筑以及多层和高层建筑，体形系数小，对节能较为有利。

③ 提高建筑的保温性能必须控制围护结构的传热系数 K 或热绝缘系数 R。为此，应选择传热系数较小、热绝缘系数较大的围护结构材料。具体做法是，对于外墙和屋面，可采用多孔、轻质且具有一定强度的加气混凝土单一材料，或由保温材料和结构材料组成的复合材料。对于窗户和阳台门，可采用不同等级的保温性能和气密性材料。

(2) 建筑隔热　建筑隔热通常是指围护结构在夏天隔离太阳辐射和室外高温，从而使其内表面保持适当温度的能力。隔热针对夏季传热过程，通常以 24h 为周期的周期性传热来考虑。

隔热性能通常由夏季室外计算温度条件下，围护结构内表面的最高温度值来评价。如果在同一条件下，其内表面最高温度低于其外表面最高温度，则认为符合隔热要求。

盛夏，如果屋顶和外墙隔热不良，高温的屋顶和外墙内表面将产生大量的辐射热，使室内温度升高。

即使设有空调制冷设备，对于隔热不良的房间，进入室内的热量过多，将很快抵消空调制冷出的冷量，室温仍难达到舒适程度。

为达到改善室内热环境、降低夏季空调降温能耗的目的，建筑隔热可采取以下措施。

① 建筑物屋面和外墙外表面做成白色或浅白色饰面，以降低表面对太阳辐射的吸收系数。

② 采用架空通风层屋面，以减弱太阳辐射对屋面的影响。

③ 采用挤压型聚苯板倒置屋面，能长期保持良好的绝热性能，且能保护防水层免于受损。

④ 外墙采用重质材料与轻质高效保温材料的复合墙体，提高热绝缘系数，以降低空调降温能耗。

⑤ 提高窗户的遮阳性能。如采用活动式遮阳篷、可调式浅色百叶窗帘、可反射阳光的镀膜玻璃等。遮阳性能可由遮阳系数来衡量。遮阳系数是指实际透过窗玻璃的太阳辐射得热与透过 3mm 透明玻璃的太阳辐射得热之比。遮阳系数小，说明遮阳性能好。

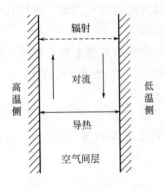

图 2-10　空气间层的传热示意

2.3.1.4　空气间层的传热

在房屋的某些部位常设置空气间层。空气间层内，导热、对流、辐射三种传热方式并存，但主要是空气间层内部的对流换热及间层两侧界面间的辐射换热，如图 2-10 所示。影响空气间层传热的因素有以下几点：①空气间层的厚度；②热流的方向；③空气间层的密闭程度；④空气间层两侧的表面温度；⑤空气间层两侧的表面状态。

空气间层的厚度加大，则空气的对流增强，当厚度达到某种程度之后，对流增强与热绝缘系数增大的效果相互抵消。因此，当空气间层厚度在 1cm 以上时，即使再增加厚度，其热绝缘系数或导热几乎不变。空气间层厚度在 2～20cm 之间，热绝缘系数变化很小。一般 0.5cm 以下的空气间层内，几乎不产生对流，如图 2-11 所示。

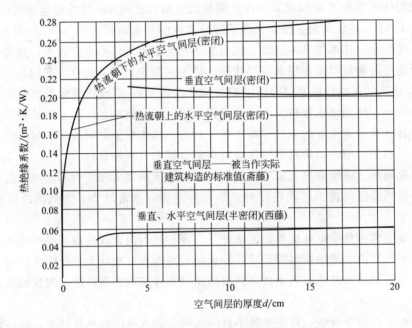

图 2-11　空气间层厚度与热绝缘系数的关系

热流方向对对流影响很大。热流朝上时，它将产生所谓环形细胞状态的空气对流，其传热也最大。在同一条件下，水平空气间层，热流朝下时，传热最小。垂直的空气间层则介于两者之间。

在施工现场制作的空气间层，密闭程度各不相同。有些空间间层存在缝隙，室内外空气直接侵入，传热量增大。

两侧表面温度对间层传热影响很大，当两表面温差较大时，会增强对流且使辐射传热量增大。表面粗糙程度对对流换热稍有影响，但在实际应用中可略而不计。然而，材质的表面状态对辐射率的影响却颇大。当使用辐射率小而又光滑的铝箔等材料时，有效辐射常数将变小，辐射传热量也就减少。

辐射传热量在空气间层的传热中所占比例较大，在内部使用铝箔等反射辐射效果好的材料或者在空气间层的低温侧设绝热材料，均可使空气间层的辐射传热量大幅度地减少。寒冷地区在空气间层的上下端，以软质泡沫塑料或纤维类绝热材料为填塞物作为气密封条，以确保空气间层的绝热效果。温暖地区，空气间层适当通气，可将室内水蒸气排向室外，从而可以防止因内部结露所造成的基层或柱子等的腐蚀。

对空气间层传热影响最大的首先是空气间层的密闭程度，其次便是热流方向、两侧温差、有无绝热材料及其布置位置，以及形成空气间层的材料性质、辐射率和空气间层的厚度等。

人们常常以为混凝土梁或柱本身的厚度已完全满足绝热要求，这样"冷桥"部分的热损失就会相当大，为此应该考虑相应的绝热措施，否则，不仅热损失大，而且往往形成内部结露。

当空气间层内设钢制肋时，由于钢与空气间层、钢与内外装修材料（外装修材料也有用钢板的）之间的热导率差别很大，则钢肋将成为"冷桥"，而热流势必在热桥处比较集中，使钢制肋局部产生了较大的温差。该温差不仅在钢制肋的宽度上，而且在相距钢制肋约 5cm 的两侧均受到了影响，由此通过测量可确定"冷桥"的热量损失。

在混凝土墙体里埋入的锚固螺栓也将成为圆形热桥，其温度分布是以圆形"冷桥"为中心，向外呈同心圆状逐渐升高。对于混凝土结构的房屋，因"冷桥"的存在会产生局部结露，设计时应予以充分注意。

2.3.1.5　围护结构的热作用过程

经典热力学认为有三种传热方式：固体导热、辐射换热和对流换热。固体导热：当固体中存在温度梯度时，热量会从固体的高温部分传输到低温部分。辐射换热：两个温度不同且互不接触的物体之间通辐射或电磁波进行的换热过程。对流换热：对流换热是指流体与固体表面的热量传输。对流换热是在流体流动进程中发生的热量传递现象，它是依靠流体质点的移动进行热量传递的，与流体的流动情况密切相关。如表 2-1，对围护结构传热过程的三个阶段做简图说明。

表 2-1　围护结构传热过程

简　　图	过程名称	主要传热方式
	表面感热过程	对流、辐射
	构件传热过程	导热
	表面散热过程	对流、辐射

2.3.1.6　传热阻和传热系数的内涵

传热系数以往称总传热系数，国家现行标准规范统一定名为传热系数。传热系数 K 值，是指在稳定传热条件下，围护结构两侧空气温差为 1 度（K，℃），1s 通过 1m² 面积传递的热量，单位是瓦/（平方米·度）[W/(m² · K)，此处 K 可用℃代替]。传热系数不仅和材料有关，还和具体的过程有关。

在现行的居住建筑及公共建筑节能设计标准中，都根据不同气候分区的气候条件及建筑节能标准，对外墙的热工节能设计规定了不同的控制指标，其中外墙平均传热系数是最重要的一项热工性能指标。对于严寒及寒冷地区，只从冬季采暖的保温要求控制外墙的平均传热系数 K_m 不超过某一限值；而对于夏热冬冷及夏热冬暖地区，除控制外墙的平均传热系数 K_m 不超过某一限值外，还从夏季空调的隔热要求考虑，规定外墙的平均热惰性指标 D_m 不低于某一限值。

按照《民用建筑热工设计规范》，保温设计按稳定传热理论计算，即在传热过程中各点的温度都不随时间而变，同时考虑了不稳定传热的影响。通过外围护结构的热量密度为：

$$q = \frac{1}{R_i + \sum \dfrac{d}{\lambda} + R_e}(t_i - t_e) \tag{2-2}$$

式中　q——通过墙体的热流密度，W/m²；

　　　R_i——墙体内表面换热阻，(m² · K)/W；

　　　R_e——墙体外表面换热阻，(m² · K)/W；

　　　d——实体材料层厚度，m；

　　　λ——实体材料导热系数，W/(m · K)；

　　　d/λ——实体材料层热阻，(m² · K)/W；

　　　t_i——室内空气温度，℃；

　　　t_e——室外空气温度，℃。

定义　　　　　　　　　　$R_0 = R_i + \sum \dfrac{d}{\lambda} + R_e \tag{2-3}$

为墙体为墙体的传热阻，表征热量从平壁一侧空间传到另一侧空间所受到阻碍的大小；

定义　　　　　　　　　　$K_0 = \dfrac{1}{R_0} \tag{2-4}$

为墙体的传热系数，热阻与传热系数互为倒数的关系。

墙体的传热阻 R_0 和传热系数 K_0 都是衡量墙体保温性能的重要指标。R_0 越大，K_0 越小，墙体的保温性能越好，通过建筑外墙单位面积的传热量就越少；否则，正好相反。在其他工况不变条件下，围护结构的传热系数每增大 1W/(m² · K)，空调系统设计计算负荷增加近 30%，因此改善建筑外围护结构的保温性能是建筑设计上的首要节能措施。墙体的传热阻 R_0 或者传热系数 K_0 不仅直接影响墙壁的保温性能，而且对室内热环境的舒适度产生重要影响。

围护结构外墙的传热系数通常应考虑外墙周边梁、板、柱形成的结构性热桥的影响，因此要求对外墙取平均传热系数。《夏热冬冷地区居住建筑节能设计标准》中规定外墙平均传热系数按式(2-5)计算：

$$K_m = \frac{K_p F_p + K_B F_B}{F_p + F_B} \tag{2-5}$$

式中　K_p——外墙主体部位传热系数；

　　　K_B——外墙热桥部位传热系数；

　　　F_p——主（墙）体部位面积；

　　　F_B——梁板柱构成的热桥部位面积。

外墙平均传热系数 K_m 值是考虑了周边热桥影响后的一种简化计算方法，表征了外墙总体保温性能的优劣，其意义与 K_0 一致。K_m 值小，则外墙总体保温性能好，通过墙体的传热量少，能耗就少，节能效果就好；否则，效果相反。所以说 K_m 值是影响建筑物耗能量即节能效果的重要指标之一。如同前面对 K_0 的分析，K_m 值不仅影响建筑物的节能效果，同样影响室内热环境质量。K_m 值越小，外墙内表面的平均温度就高，室内环境的平均辐射温度就高，室内热环境就较舒适；K_m 值越大，外墙内表面温度就低，可能对人体产生冷辐射，冷风渗透的感觉就明显，室内热环境舒适度就差。

墙体平均传热系数的影响因素很多，主要包括建筑材料的热导率、建筑材料的布置层次、保温材料的布置方式、建筑构造方案、房间立面单元的选择等方面。建筑材料的热导率是影响墙体平均传热系数的最直接、最重要的一项因素。外墙材料的热导率值 λ 的大小直接影响外墙平均传热系数 K_m 的大小。建筑工程中围护结构所采用的材料种类很多，其热导率值变动范围很大。通常将热导率 λ 值小于 0.25 并用于控制室内热量外流的材料称为保温材料，用于阻止室外热量进入室内的材料叫隔热材料。保温材料和隔热材料统称为绝热材料。影响材料热导率的因素很多，包括密实度、内部孔隙大小、形状、材料湿度及工作温度等。常温条件下，材料的材质、密度和湿度对热导率的影响最大。由于不同材料的组成成分或结构不同，其导热性能因此而不同，热导率就会有不同程度的差异；材料的密度反映了材料的密实程度，材料的热导率主要取决于其骨架成分的性质以及孔隙中的热交换规律，材料越密实则密度越大、内部孔隙越少，其导热性能也就随之增强；材料的湿度增大后，孔隙中的含水量随之增加，附加了水蒸气扩散的传热量，同时还增加了毛细孔中液态水分所传导的热量，因此其热导率会随之增加。

2.3.1.7　围护结构内外隔热保温的热特性

外围护结构有无隔热保温措施，以及隔热保温层在内侧和外侧对建筑热过程影响很大，它直接影响建筑能耗的大小和室内热环境条件。从建筑热过程来分析，外隔热保温对减轻室内热负荷，防止外围护结构开裂和内部结露都是有利的。在夏热冬冷地区，尤其是夏季温差较大，对于抵抗室外强烈的温度衰减更为有利。在进行围护结构的热工设计时，其传热性能的设计是这一地区改善室内热环境和节能的一个重要环节。

保温层的位置，对结构及房间的使用质量，结构造价、施工、维护费用等各方面都有重大影响。对于建筑师来说，能否正确布置保温层，是检验构造设计能力的重要标志之一。过去，墙体多采用内保温，屋顶则多用外保温。近年来，由于保温材料技术的进步，墙体采用外保温的作法越来越多。

围护结构表面在太阳辐射条件下的升温速度和大小反映出围护结构的隔热功能，对于目前节能建筑所采用的隔热轻质材料而言，外表面升温快，温度高，其隔热性能反而好，这是因为外表面温度高，必然向空气中散热多，传入围护结构并透过到室内的热量少的缘故。如图 2-12 所示。

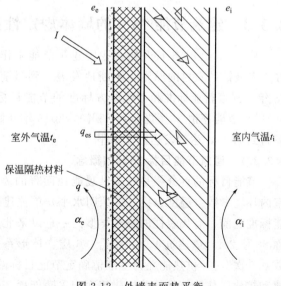

图 2-12　外墙表面热平衡

外隔热材料层的热阻作用对室外热作用首先进行衰减，使其后产生在重质材料层上内部温度发布低于内隔热方式的温度分布，加上外表面在升温过程中的吸收升温隔热机理，外隔热方式的围护结构内的热量始终低于内隔热方式的围护结构，形成夜间向室内散热比内隔热方式要小，这对空调房间就更有利。

2.3.2 建筑物节能的综合指标

2.3.2.1 规定性指标

由于建筑能耗、建筑热环境质量、建筑热工性能、单体设计等方面众多因素之间的复杂关系，以及建筑节能设计中技术上的难度，在实际工程中，不容易做全面深入分析。工程界针对有代表性的典型工程条件，对关键参数作出规定，以标准、规范的形式提供给工程设计人员。规定性指标即指这些规定的参数值。

规定性指标使设计人员摆脱了复杂的计算分析，节省了大量的时间，在保证工程设计的合理性和成功方面有重大的作用。

2.3.2.2 性能性指标

在确定规定性指标时，我们主要考虑普遍情况，规定性指标在一定范围内普遍适用的、合理的。但是由于每一个工程自身的特殊性，规定性指标对适用范围内的一个具体工程，往往不是最佳的，即按规定性指标很难进行节能最优化设计。

性能性指标在保证实现节能目标的前提下，使建筑节能设计标准具有充分的灵活性，为新技术的采用和具体工程项目的最优化创造了条件。对于那些在某些方面不符合规定性指标有关规定的居住建筑，具有一定的灵活性。这类居住建筑可以采取在其他方面增强措施的方法，仍然达到节能的目标。例如一栋建筑的窗墙面积比超过了规定性指标的规定，它可以采取提高围护结构热工性能的方法，来满足节能的目标。但是这类情况就必须经过计算证明它达到了综合性指标要求才能判定。

性能性指标由建筑热环境的质量指标和能耗指标两部分组成，对建筑的体型系数、窗墙面积比、围护结构传热系数等技术参数不再作硬性规定。设计人员可自行确定具体的技术参数，但是必须同时满足建筑热环境质量指标和能耗指标的要求。

2.3.3 建筑节能 75% 的墙体规定性指标分析

从 20 世纪 80 年代开始，我国建筑节能工作根据先居住建筑后公共建筑、先北方后南方、先城镇后农村的原则，不断地发展。到目前为止，我国居住建筑的节能工作已经开展28 年。国家行业标准和相关地方标准的节能目标都经历了由 30% 到 50% 再到 65% 的过程（即供暖节能率由 30% 提高到 65%），2013 年开始实施的北京地方新标准，率先将节能目标提高到 75%，达到发达国家水平。

2.3.3.1 建筑节能目标 75% 的概念

节能目标的百分率是对于供暖能耗而言的。节能 75% 的比较对象是基础建筑保持相同室内环境参数（温度、换气、照明水平）单位建筑面积所需消耗的能量。基础建筑是实施节能标准之前、有代表性的建筑类型。一直以来北京市节能标准都是以 1980 年标准住宅（简称 80 住 2-4，该建筑 4 单元组合、6 层、体形系数 0.28，全部房间平均室温 16℃，换气次数 0.5 次/时）供热能耗为基准值确定节能目标的。节能 75% 目标的理解应该是：新建、改建和扩建居住建筑降低单位建筑面积采暖能耗 75%。

实现节能目标的途径主要有：围护结构传热系数限制；强制采用外遮阳设施；强制采用太阳能生活热水系统；提高供暖锅炉效率等。

为便于衔接和对比，几次修订北京市节能标准时，都是以 1980 年标准住宅供暖能耗为基准值确定节能目标的。依照 1980 年 "建筑设计规范"，每平方米采暖面积一个采暖季耗标准煤 25kg 为 100%，而 1988 年强制推行的 "设计规范" 为 17.5kg，采暖能耗降低 30%；1998 年开始，北京实施节能 50% 的设计标准（每平方米采暖能耗降低到 12.5kg 以下）；实施了节能 65% 设计标准后，达到每平方米建筑一个采暖季耗标准煤 8.75kg，那么接下来推行的 75% 节能目标就是一个采暖季耗标准煤 6.25kg 以下。

1995 版国家行业标准和 1997 年版北京市地方标准，以及之前的节能标准，节能量的提高都是分别由供热系统和建筑物两部分承担。例如节能率由 30% 提高到 50%，其中供热系统中锅炉效率由 55% 提高到 68%，管网输送效率由 85% 提高到 90%。

2004 版和 2006 版北京市标准中的供热系统能耗，均采用了 1995 版国家行业标准采用的数值，即不改变供热系统效率取值，节能率从 50% 提高到 65% 全部由建筑物承担。确定建筑物各项热工参数的方法是，按确定的节能目标（2006 年版《标准》的节能目标为 65%，计算出的标准建筑供暖耗热量指标为 14.65W/m²）进行供暖能耗对比计算；选择当时具有代表性的普通住宅，替代 1980 年标准通用住宅作为计算基础，按建筑物承担的节能量分解为外围护结构热工参数限值。

2010 年《北京地区居住建筑节能设计标准提高的可行性研究》中，初步确定将北京市居住建筑供暖能耗的节能率在 1980 年的基准值基础上提高到 75% 是完全可行的。而《关于进一步提高住宅节能标准的请示》（以下简称《请示》）中，对住宅节能设计的各项指标和做法提出了具体要求。通过专题研究，认为当前北京市的经济技术水平，可以基本满足《请示》中各项要求。因此，新的节能标准以《请示》中确定的各项外围护结构传热系数为基本计算参数，对不同类型的住宅建筑进行了大量详细计算，并用节能率是否达到 75% 的目标值对计算结果进行校核。

计算中建筑外围护结构热工参数取值原则是：①体形系数采用实际建筑的数值，但都小于既定的最高限值；②围护结构 K 值采用《请示》规定的最高限值；③窗墙面积比采用规定的最大限值（所计算建筑的实际值均不大于限值）；④除东西向较大的不设外遮阳装置的外窗夏季有最大遮阳系数的要求外（限值为 0.35~0.45），冬季对外窗都不要求遮阳，所以窗的综合遮阳系数均取 0.5（此数值的大小影响冬季太阳辐射得热量）。

根据国家行业标准《严寒和寒冷地区居住建筑节能设计标准》（JGJ 26—2010），按层数的多少（反映了体形系数的大小）将建筑分为 4 类（≤3 层、4~8 层、9~13 层、≥14 层），用其中 4~8 层普通住宅（替代 1980 年标准通用住宅）的耗热量指标作为比较的基准，假设供暖节能率为 75%，耗热量指标不应大于 10.71W/m²，圆整取 10.50W/m² 为最大限值，则节能率可达到 75.5%，实际建筑的计算结果也均未超过此限值。

根据以上计算，按新的标准设计的建筑完全能够达到预定 75% 的节能目标，考虑到北京市以高层住宅为主，其耗热量指标更低，总体节能率更高。目前北京市城区采用的城市热网、燃气锅炉房和郊区县的特大型燃煤锅炉房，使锅炉效率比 20 世纪 90 年代的燃煤效率高得多，管网输送效率也有所提高。因此，按标煤量计算的供暖节能率实际超过 75%。

2.3.3.2　墙体传热系数

北京市《居住建筑节能设计标准》（DB 11/891—2012）中规定，建筑外墙的传热系数

K 应满足下列规定：

≤3 层建筑，$K \leqslant 0.35 \mathrm{W}/(\mathrm{m}^2 \cdot \mathrm{K})$；

4～8 层建筑，$K \leqslant 0.40 \mathrm{W}/(\mathrm{m}^2 \cdot \mathrm{K})$；

≥9 层建筑，$K \leqslant 0.45 \mathrm{W}/(\mathrm{m}^2 \cdot \mathrm{K})$。

建筑外墙是建筑室内空间的"外衣"，是室内外空间的一道屏蔽，墙体的面积和构造设计决定室内的小气候。因此，外墙设计是节能设计的一个重要组成部分，节能住宅墙体设计主要从墙体构造设计和材料选择方面着手，提高墙体的热工性能，达到隔热、保温的目的。

综合考虑节能及未来条件下的经济承受能力，外墙的传热阻值要求和屋面的传热阻值要求与国外发达国家标准水平差不多。国内外住宅围护结构传热系数比较见表 2-2，新旧标准围护结构传热系数比较见表 2-3。

表 2-2　国内外住宅围护结构传热系数比较　　　　单位：W/(m² · K)

地　区	屋　顶	外　墙	窗　户
北京(节能 75%)	0.30～0.40	0.35～0.45	1.5～2.0
英国	0.16	0.35	2.0
德国	0.2	0.20～0.30	1.5
美国(相当于北京采暖)	0.19	0.32～0.45	2.04
瑞典(南部)	0.12	0.17	2.00

表 2-3　新旧标准围护结构传热系数对比　　　　单位：W/(m² · K)

围护结构	新标准			2006 版标准	2010 版行标
	≤3 层	4～8 层	≥9 层		
屋顶	0.30	0.35	0.40	0.45～0.60	0.35～0.45
外墙	0.35	0.40	0.45	0.45～0.60	0.47～0.70
架空或外挑楼板	0.35	0.40	0.45	0.50	0.45～0.60
不供暖地下室顶板	0.50	0.50	0.50	0.55	0.50～0.60
分割供暖与非供暖空间隔墙	1.5	1.5	1.5	1.5	1.5

因此，在经济许可情况下，采用如膨胀聚苯板、聚苯颗粒、外挂保温板等作墙体保温材料来提高传热阻值，增加的成本减少，而节能效果明显，不仅技术上可行，经济上也合理。

2.3.3.3　墙体"冷桥"

墙体"冷桥"最小传热阻是为了防止"冷桥"处产生结露。超出部分采用平均传热系数，即按面积加权法求得外墙的传热系数，考虑了围护结构周边混凝土梁、柱、剪力墙等"冷桥"的影响，以保证建筑在夏季空调和冬季采暖时通过围护结构的传热损失与传热量小于标准的要求。

对于外保温而言，飘窗、跃层平台、外窗周边墙面、女儿墙变形缝、外墙出挑部件等部位的"断桥"措施也常被建筑师和施工单位所忽视，这些部位在未来实施住宅节能 75% 时无疑应特别重视并采取相关构造措施予以解决。

一般地，贯通式"冷桥"对内表面温度影响最大，在建筑中应尽量避免采用，或在"冷桥"部位加设高效保温材料；对非贯通式"冷桥"，则最好将"冷桥"布置在靠近室外一侧。

2.3.4　建筑墙体保温与结构一体化设计原则

2.3.4.1　一体化对墙体保温系统的基本要求

（1）系统的整体性、耐久性和有效性

① 墙体保温系统必须具有以下性能：a. 基层正常变形不致造成系统中产生裂缝或空鼓；b. 系统应能长期承受自重而不产生有害的变形；c. 系统应能经受正负风压和风振作用；d. 系统应能抵抗由温度、湿度变化而产生的应力，在温度、湿度等的作用下应保持稳定；e. 系统在地震发生时不应从基层上脱落。

② 墙体保温系统防火性能应符合国家有关法规规定。高层建筑墙体保温系统应采取防火措施。

③ 墙体保温系统应具有防雨水和地表水渗透性能，雨水不得透过保护层，不得渗透至任何可能对复合保温墙体造成破坏的部位。

④ 墙体保温系统各组成部分应具有物理-化学稳定性。所有组成材料应彼此相容并应具有防腐性。在可能受到生物侵害（鼠害、虫害等）的地区，墙体保温系统还应具有防生物侵害功能。

⑤ 在正确使用和正常维护的条件下，墙体保温系统应与主体结构同寿命。

（2）系统的热工性能设计

① 外墙、屋顶、直接接触室外空气的楼板和不采暖楼梯间的隔墙等围护结构，应进行保温验算，其传热阻应大于或等于建筑物所在地区标准要求的最小传热阻。

② 围护结构热桥部位的内表面温度不应低于室内空气露点温度。

③ 在房间自然通风情况下，建筑物的屋顶和东、西外墙的内表面最高温度，应满足：围护结构内表面最高温度≤围护结构外侧最高温度。

④ 门窗洞口、阳台、挑檐等部位应有保温构造设计。

⑤ 锚固为塑料的膨胀螺栓时，螺钉应为镀锌碳素钢或不锈钢，螺钉直径不大于 6mm，当每平方米数量不超过 10 个时可不计热桥影响，其他情况应计算热桥部位传热量，不能准确计量时，应实测系统热阻。

⑥ 进行墙体保温设计时，应保证基层墙面外表面温度高于 0℃，冷凝计算界面不得位于保温层与保护层交界处以及保护层内部。

⑦ 墙体保温系统的保护层不得存在可导致雨水渗透至保温层的裂缝。

⑧ 应在下列位置设置变形缝：a. 结构设有伸缩缝、沉降缝和防震缝处；b. 预制墙板相接处；c. 墙体保温系统的不同材料相接处；d. 基层材料改变处；e. 结构可能产生较大位移的部位，例如建筑体形突变或结构体系变化处；f. 进行计算需设置变形缝处。

⑨ 系统的起端和终端应做好包边保护、密封盒防水构造设计，重要部位应有详图。

（3）对构成系统各部分性能的要求

① 界面层要求：清洁。不同的基层应采用不同的界面剂，并且有一定的隔潮作用，部分系统需要增加机械固定措施。

② 保温层要求：平均传热系数满足设计要求，与基层和防护层能形成一个整体，满足系统耐久性要求。应采用热阻值高，即热导率小的高效保温材料，其热导率一般应小于 $0.06W/(m \cdot K)$。根据设计计算，规定一定厚度以满足节能标准对该地区墙体的保温要求。此外，保温材料的吸湿率要低，而黏结性能要好；为了使所用黏结剂在其表面的应力尽可能

减少，对于保温材料，一方面要用收缩率小的材料，另一方面在控制其尺寸变形时产生的应力要小。为此，可采用的保温材料有膨胀型聚苯乙烯板、挤塑型聚苯乙烯板、岩棉板、玻璃棉毡、硬泡聚氨酯以及超轻保温浆料等。目前以阻燃型膨胀聚苯乙烯板及超轻保温浆料应用得较为普遍。

③ 防护层要求：黏结性、抗裂性、防水性、透气性。防护层的抗裂问题是主要矛盾，实践证明传统的水泥砂浆抹在保温层上，不容易解决抗裂问题，必须采用专用的抗裂砂浆并辅以合理的增强网，在砂浆中加入适量的聚合物和纤维对控制裂缝的产生是有效的。

在水泥砂浆中采用多种纤维复合配置的抗裂技术，能够较好地吸收受外界自然条件影响产生的膨胀、收缩变形，并且能够将温差变形应力向四周扩散，从面对防止裂缝的产生是有效的。

在水泥抗裂砂浆中也可以加入钢丝网片，但是应对钢丝网的直径、密度通过试验来确定。当需使用钢丝网分散应力时，则宜使用热镀锌钢丝网作为软配筋（饰面砖工程应用较多）。

④ 饰面层要求：墙体表面装修层的材料选择也非常重要。首先底层腻子必须有一定的防水、抗裂、柔性变形能力，其次涂料的各层不仅要求有一定的柔性面且与基层以及相互之间也应有相容性，装修层的材料不仅要求防裂、透气（水蒸气），而且要与保温层协调，最好选择弹性外墙涂料。墙体保温饰面层粘贴瓷砖材料的研究和应用工作已经取得了可喜的成绩，但在柔性基层上粘贴面砖材料还是有不少问题需要研究。

⑤ 零配件与辅助材料：在墙体保温体系中，在接缝处、边角部，还要使用一些零配件与辅助材料。使用零配件与辅助材料的部位如墙角、端头、角部使用的边角配件和螺栓、销钉以及密封膏，根据各个体系的不同做法选用。

2.3.4.2　结构安全原则

建筑墙体保温与结构一体化即保温材料与主体围护结构墙体融为一体，墙体结构依靠保温材料形成复合保温墙体，从而实现建筑围护结构节能的工作目标。否则，只能靠单一的墙体来实现，如故宫的建筑、陕西的窑洞。这里引出关于围护结构组成的两个不同概念，一是由复合墙体材料组成，二是由单一墙体材料组成。由于社会的发展和进步、土地资源开发利用的限制，依靠单一的墙体材料实现建筑节能的既定目标已不现实。所以，建筑墙体保温与结构一体化重点依托复合保温墙体技术展开论述。

建筑墙体保温与结构一体化最核心的"一体化"概念即建筑主体围护结构应通过钢筋混凝土构件与保温层及外保护层（含饰面层）实现刚性连接。也就是说，要实现建筑墙体保温与结构一体化最关键的是实现保温与结构的刚性连接、可靠复合，即该墙体复合保温系统是结构安全的，在正确使用及正常维护的情况下，不会出现保温与结构分离，实现保温与结构的同寿命。墙体保温系统除保温层外，材料均为钢筋混凝土受力构件，保温系统的受力构件与主体围护结构为一整体，其寿命与钢筋混凝土围护结构相同。

2.3.4.3　防火安全原则

（1）结构防火理论研究　建筑防火功能是建筑物最重要的功能之一，建筑墙体保温与结构一体化技术必须满足相应的防火功能要求。建筑墙体保温与结构一体化技术的防火研究引用了结构构造的防火理念，根据国家有关防火标准，结合一体化技术特点，这种防火理念并不苛求建筑保温材料自身的燃烧性能，而是通过墙体结构与保温材料的有机结合组成结构墙体来满足防火功能，从根本上解决外墙外保温工程的消防安全问题。

（2）结构自身防火性能研究　一体化技术最大的特点是建筑墙体保温与结构融为一体，而且保温层外侧有足够厚度的防护层（一般保温层外侧有 30～50mm 的混凝土或水泥砂浆），根据防火设计规范的规定，保温层外侧有 30～50mm 的防护层，其耐火极限不低于 1.0h。根据有关外墙外保温薄抹灰系统墙角火试验结果显示，试验开始后 10min 时，薄抹灰系统顶部两面墙的交叉部位保护层首先脱开，聚苯板被点燃，随后保护层脱开面积逐渐扩展，燃烧面积也随之扩展，13min 时，整个墙面全部开始燃烧，并在 5min 内墙面的聚苯板全部燃烧完毕，可见一体化技术的防火性能远远好于外墙外保温系统。

（3）施工过程防火研究　目前，我国建筑外墙外保温火灾的发生主要集中于施工阶段，使用阶段相对较少。减少或避免施工阶段的火灾现象成为当前研究工作的重点之一。通过对各项一体化技术在施工阶段的防火性能进行了详细的研究分析，对施工阶段防火性能薄弱的技术环节进行了研究改进，比如自保温砌块的保温材料置于砌块的内部，现浇墙体类的保温材料采用工厂化生产时均用界面砂浆完全包覆，使一体化技术在施工阶段能够有效避免火灾的发生。

2.3.4.4　经济性原则

建筑节能的本质是持续的节省，归根结底还是一个建筑经济问题。合理的增加投入是为了长久地节约能源费用的支出，超越了一定限度的节能投资就违背了节能设计的初衷。墙体保温的经济性主要表现在加强保温的节能投资和回收周期的合理平衡上，许多研究介绍了墙体保温的经济性评价指标，如补偿年限、墙体经济热阻、保温层经济厚度等。

补偿年限计算的假设与前提：①墙体传热过程为稳定传热；②室内外温差取采暖、制冷平均温差。

设保温前后墙体传热系数分别为 K_1、K_2，设计室内温度为 t_e，室外平均温度为 t_i，年采暖时间为 n，热能单价为 S。其年度采暖费用为：

$$S_c = (K_1 - K_2)(t_e' - t_i)nS \tag{2-6}$$

假设墙体成本造价为 W_1，保温层造价为 W_2，补偿年限为 Z，根据平衡原理：

$$W_2 \leqslant ZS_c \tag{2-7}$$

即

$$Z \geqslant (K_1 - K_2)(t_e - t_i)nS/W_2$$

由此可见，在室内外温差较大、取暖时间长的地区，同样的保温隔热材料其补偿年限较短。同时，一味的增大保温层造价 W_2，对于提高补偿年限 Z 也是不合理的。通过平衡找到合适的保温隔热材料并进行适当厚度的施工，对于优化墙体构造具有重要意义。

目前，在我国北方地区，通常情况下，节能率 50% 的墙体保温投资回收期通常为 3～6 年，而节能率 75% 的墙体保温投资回收期将提高到 5～10 年。

2.3.4.5　细部构造设计原则

（1）保温的外墙和屋顶宜减少混凝土出挑构件、附墙部件、屋顶突出物等；当外墙和屋顶有出挑构件、附墙部件和突出物时，应采取隔断"冷桥"或保温措施。

在墙体保温系统中，出挑、突出构件和窗框外侧四周墙面和屋顶易形成"冷桥"，热损失相当可观，因此在建筑构造设计中应特别慎重。形成"冷桥"的出挑构件包括阳台、雨罩、靠外墙阳台栏板、空调室外机搁板、凸窗、装饰线、靠外墙阳台分户隔墙，以及突出于屋顶的风道管道的构造、风机和太阳能集热板等设备的基础等。

原则上应将这些出挑构件和突出物减少到最低程度，也可将面接触改为点接触，以减少"冷桥"面积。一些非承重的装饰线条，尽可能采用轻质保温材料，不可避免时应采取隔断

"冷桥"或保温措施。

（2）外墙采用一体化保温时，外窗宜靠外墙主体部分的外侧设置，否则外窗（外门）口外侧四周墙面应进行保温处理。为减小热损失，外窗尽可能外移或与外墙主体结构面齐平，减少窗框四周的"冷桥"面积，存在"冷桥"的部位应做保温。

（3）外窗（门）框与墙体之间的缝隙，应采用高效保温材料填堵，不得采用普通水泥砂浆补缝。随着外窗（门）本身保温性能的不断提高，窗（门）框与墙体之间缝隙成了保温的一个薄弱环节，如果在安装过程中采用水泥砂浆填缝，这道缝隙很容易形成"冷桥"，不仅大大抵消了门窗的良好保温性能，而且容易引起室内侧门窗周边结露。

（4）变形缝墙应采取保温措施，且变形缝外侧应封闭。当变形缝内填充保温材料时，应沿高度方向填满，且缝两边水平方向填充深度均不应小于 300mm。填充保温材料时应填松散的材料，以保证墙体收缩等活动的需要。

参 考 文 献

[1] 程才实. 大力推进建筑保温与结构一体化. 建设科技，2013（18）：31-33.

[2] 本刊编辑部. 发展保温与结构一体化技术. 建设科技，2013，21：1.

[3] 朱洪祥. 建筑节能与结构一体化技术及应用. 北京：中国建筑工业出版社，2013.8.

[4] 任民. 建筑保温与结构一体化技术大有可为. 建设科技，2013，21：14-17.

[5] 张立军. 建筑墙体保温与结构一体化技术探讨. 建筑·建材·装饰，2013，3：84-86.

[6] 戴文婷，王滋军，等. 节能与结构一体化技术在我国的研究应用现状. 混凝土与水泥制品，2013，12：80-83.

[7] 刘伟. 夏热冬冷地区节能 65% 条件下住宅围护结构研究. 南京：南京工业大学，2006.

[8] 中国能源综合发展战略与政策研究报告. 北京：中国建筑工业出版社.

[9] DB 11/891—2012. 居住建筑节能设计标准.

[10] 孙敏生，万水娥. 北京市地方标准《居住建筑节能设计标准》简介. 暖通空调，2012，12：17-20.

[11] DBJ 11-602—2006. 北京市居住建筑节能设计标准.

[12] JGJ 26—2010. 严寒和寒冷地区居住建筑节能设计标准.

[13] 李世尧. 对 DB 11/891—2012《居住建筑节能设计标准》的理解分析. 门窗，2013，03：50-52.

第3章 一体化免拆保温模板

3.1 一体化免拆保温模板概述

3.1.1 建筑模板的发展

建筑模板在混凝土结构工程中占有很重要的作用，在混凝土结构中，模板支护和拆除的造价能占到建筑工程总造价的30%左右，占工程用工总量的30%～40%，因此模板技术的发展对工程建设的质量、工期和效益有很大的影响，是推动国家建筑技术发展的重要内容之一。在建筑工程中应对建筑模板给予足够的重视，了解建筑模板的发展现状与历史。

模板工程是建筑结构的特殊工程，已经有了一个相当长的发展过程。起初，模板的主要材料为木制板，施工时按照工程的实际形状拼接成模型，这种模板的缺点是拼装和拆模时都非常费时和费力，有很大的材料损耗，随着技术的进步，装配式木模板开始逐渐出现，先设计出几套不同规格的模板，然后工厂开始大量生产，施工开始后按照不同的结构进行不同的模板设计和组装，按照模板图在现场进行拼接，而且拆除后还可进行下一次的使用，直到现在为止这种装配式的模板还在很多地方流行。

在20世纪50年代后期，大型的模板开始有些国家，如法国、美国等采用。大型模板从安装到拆除再到搬运，采用流水施工作业，机械化的施工方式逐渐代替人工，极大地提高了劳动效率，降低了造价和缩短了工期，在世界各国这种大型模板施工方法逐渐得到普及。

组合式定型模板从60年代开始出现，从原来装配式定型模板基础上加以改进得到这种类型的模板，配合不同的配件拼装，根据工程需要拼接成不同尺寸和形状。与以前的一定尺寸的模板有很大的不同，模数制的设计被采用，根据板块的不同组合，改变其尺寸，不但可以一次拼接组装，还可以重复使用，所以它的适用范围比大型模板更广。现在现浇混凝土的主要模板形式就是采用这种模数制的模板。

从材料的发展角度看，模板经历了从木质材料到钢模板的发展过程，近代又出现了铝合金模板和组合材料模板。以下列举一些科学研究人员在模板发展中所探索的成果。

（1）采用FRP（纤维增强聚合物）作为现浇结构的永久性模板 在建筑行业中有一种质量轻强度大的材料叫做玻璃钢，它有耐腐蚀性强、抗拉强度高、重量轻等特点。在混凝土施工时使用玻璃钢做免拆的模板是从现场浇筑施工的角度出发，充分发挥其抗拉强度高的特点，使玻璃钢与混凝土协同工作，从而使玻璃钢的轻质高强特点得到充分发挥，抗折强度得到大幅提高。

（2）钢丝网所制混凝土模板 它是一种复合材料，强度非常高，为了使混凝土的性质有所改变，采用了分散配筋的原理，本质上是一种纤维混凝土。从广义的角度上讲，在混凝土工作的两个方向平面上，参与受力的能力能够很好地协调起来。由于此模板的性能优越，在模板的制作、运输以及施工和浇筑时能够很好地满足受力的要求。

（3）肋筋模板钢-混凝土组合板　它克服了压型钢板作为底模与钢-混凝土组合梁相结合的结构形式的不足：压型钢板组合板厚度较大；两种材料之间的黏结性能差，造价较高。在荷载的作用下，肋筋和模板的应变和挠度变化小，而且具有良好的稳定性；在使用阶段，肋筋模板组合板可以表现出良好的工作性能，破坏形态与受弯构件类似，延性优于受弯构件；截面混凝土的应变为线性分布；而且肋筋模板组合板有良好的经济性能。

（4）玻璃纤维增强水泥平板（GRC）　这种模板有其独特的优点：首先质量轻，容重约比钢筋混凝土轻 1/5 左右，而且可以做得很薄，使整个制品重量很轻；其次抗拉、抗折和抗弯的强度都很高，与预应力混凝土的强度不相上下；由于它的抗裂性能强、有较强的变形能力，因此在抗震性能上有很大的优势；而且在抗冻能力、抗冲击能力、耐火强度、适应干湿交替能力上，都有很大的优势。

综上所述，以后模板工程要向着节省劳动和加快施工进度、丰富建筑造型、降低工程造价的方向发展。一体化免拆保温模板的开发和应用，不论从模板行业还是建筑节能上讲，都有着良好的经济效益和广阔的市场前景。

3.1.2　一体化免拆保温模板的提出

目前工程中广泛应用的外墙外保温系统容易出现的问题主要有四方面：

① 外墙外保温系统的质量稳定性问题，主要是指砂浆保护层的开裂、脱落、空鼓等问题；

② 保温系统防火方面存在的问题；

③ 保温系统的寿命远远小于工程结构的使用寿命；

④ 施工工序复杂、工序繁多，经济上不合理（尤其是受力的外墙外保温系统），保温系统不能与结构主体同步施工，需另行采取二次施工。

在我国，现浇混凝土模板技术在借鉴国外经验和自己探索摸索的基础上，已经初步形成了符合本国国情需要的模板体系，但在工程技术飞速发展的时代，还不能满足社会的需要。

基于上述外墙保温系统的现状以及我国模板发展方向，提出了一体化免拆保温模板。什么是一体化呢？一体化就是整合所有的材料（外墙外保温系统各层材料、结构主体中的材料），使之成为一个不可分割的整体或者说接近于一个整体。它是集保温、围护、结构、防火、隔音功能于一体，既能满足人们生活舒适度、使用功能的需求，又能满足安全性、耐久性的建筑墙体保温与结构一体化体系。一体化免拆保温模板的具体做法是在承重墙、屋面部位采用具有保温功能的高强模板当作现浇墙体的外模板与墙体同时浇筑，并不再拆下，填充墙部位采用自保温砌块填充，局部节点部位进行详细设计，最终使得围护结构成为一个既节能又能承受力的整体。

一体化免拆保温模板的提出基于以下几点。

① 混凝土是目前应用最广泛的建筑材料，建筑业的发展与混凝土的应用技术密切相关。现浇钢筋混凝土结构由于整体性好，抗震性能优良，得到广泛的应用。当混凝土结构中用传统模板时，劳动强度和施工工期等都不能很好地适应我国建筑业发展的要求。另一方面，由于模板用量巨大、耗资惊人，对我国建筑发展有很大的影响，新型模板开发已经迫在眉睫。

② 使用一体化免拆保温模板，在现场混凝土施工后模板不用拆卸，成为建筑结构整体

的一部分，它的特点是没有普通模板拆除困难、用工量大、工期比较长等不足，使施工更加方便快捷，在一定程度上提高了施工效率。

③ 使用一体化免拆保温模板不但可以当作混凝土浇筑时的侧模板，物理力学性能好，还可以增加其他的功能，比如还可以作为墙体的保温材料，起到保护外墙的作用，符合模板未来发展趋势的要求。

用一体化免拆保温模板代替普通模板，是一种全新的尝试。一体化免拆保温模板产品具有质量轻、保温好、施工方便、防火性能好、安全隐患低、与建筑物同寿命等特性。该模板体系具有以下特点。

① 技术简单可靠，有大面积推广的条件。现浇结构形式不变，梁柱及剪力墙仍按照现有标准和规范，设计标准和软件齐全，施工技术成熟。

② 达到一体化技术要求，实现建筑保温与结构同寿命。将一体化免拆保温模板与框架结构的梁柱及剪力墙等现浇混凝土构件浇注在一起，并通过连接件牢固连接，达到了同步设计、同步施工、同步验收的技术要求。

③ 采用多层结构，具有较高的强度和良好的保温性能。一体化免拆保温模板由挤塑保温板、加强肋、内外黏结增强层和保温过渡层等组成，具有较高的力学强度，直接当做外模板使用，保温隔热性能良好，满足建筑节能标准要求。

④ 具有良好的防火性能。保温层内外两侧两个主立面被水泥聚合物砂浆保护层包覆，在施工过程中可有效避免火灾现象的发生，建筑工程竣工后，保温层外侧有水泥砂浆保护层，提高防火性能。

⑤ 采用工厂化预制，确保产品质量。一体化免拆保温模板采用工厂预制，在使用过程中杜绝了偷工减料现象，在混凝土浇注过程中，对模板的产品质量进行现场验证，防止了假冒伪劣产品用在建筑工程上。

⑥ 设置了保温过渡层，一定程度上减少了抹面层质量通病问题，缓解了模板因外界温度变化产生的应力应变。

3.2　广泛应用的外墙外保温系统分析对比

建筑节能是我国节能工作的重要内容之一，而墙体保温是建筑节能中的重要方面。目前，外墙外保温系统构造做法不一，虽然外墙外保温技术在我国的应用已经比较成熟，但外保温系统在使用过程中仍然存在问题，何种保温系统能够达到优异的保温、防火和良好的质量稳定性，这是许多专家和学者关注和讨论的焦点。本节主要对 EPS、XPS、聚氨酯（PU）薄抹灰外墙外保温系统和现浇 EPS 外墙外保温系统的构造、施工、质量优缺点进行分析。

3.2.1　粘贴式保温板外保温系统分析

粘贴泡沫塑料保温板外保温系统是在主体结构建成后，保温系统通过锚栓、黏结剂等措施附着在墙体上起保温作用的一种保温形式。

3.2.1.1　EPS 板薄抹灰外墙外保温系统

（1）EPS 板薄抹灰外墙外保温系统构造　近年来，在我国东北、华北、西北地区节能建筑的外墙外保温工程中大都采用《EPS板薄抹灰外墙外保温系统》，膨胀聚苯板材料的选择依据《膨胀聚苯板薄抹灰外墙外保温系统》，聚合物砂浆的选择依据《建筑工程市面粘结强度检验标准》（JGJ 110—2008）、《建筑保温砂浆》（GB/T20473—2006）、《膨胀聚苯板薄抹灰外墙外保温系统》，《外墙外保温建筑构造（一）》（JGBT—574），耐碱网格布依据《外墙外保温工程技术规程》（JGJ 144—2004）。在不同的地区，适当地改变保温系统的结构，能够使得外墙外保温系统获得更好的保温性能；系统结构的改变对外墙外保温系统的开裂、空鼓、脱落以及使用中由于各种原因产生的"冷桥"、结露问题的解决，都起到了关键性的作用。EPS板薄抹灰外墙外保温系统的一般构造如图3-1。

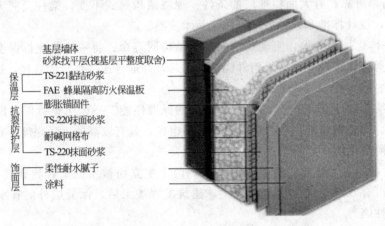

图3-1　EPS板薄抹灰外墙外保温系统的一般构造

（2）施工流程及注意的问题　参照建筑标准《外墙外保温工程技术规程》（JGJ 144—2004）中关于薄抹灰外墙外保温系统技术施工要求，施工工艺顺序如图3-2所示。

（3）EPS外墙外保温系统的通病　随着我国城镇化速度的加快，房屋建筑规模扩大，导致建筑能耗在我国能源总消费量中所占比例不断提高，所以国家将建筑节能列为节能系统工程的重要环节。EPS薄抹外墙外保温系统采用了具有质轻、热导率低、价格低廉等优点的EPS保温材料，但是由于受到施工方法、保温系统的构造（各种材料的匹配程度）、节点处理及建筑物所处环境等各方面因素的影响，导致墙体容易出现裂缝、削弱了外墙外保温系统的保温隔热功效，对外墙外保温系统的质量、防水、防火性能都产生了不利的影响。

有学者研究表明，外墙外保温系统作为建筑物的"外衣"，其所受的不利影响体现在以下几个方面：①由于外墙外保温系统直接暴露于室外自然环境中，所以外界环境对保温系统的保温效果和寿命影响很大；②由于EPS薄抹灰外墙外保温系统存在贯通空腔，在正负风压的作用下，尤其在负风压的作用下，会出现保温板脱落（见

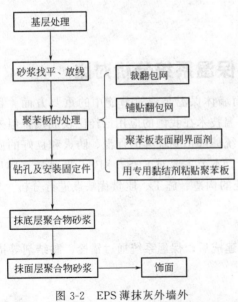

图3-2　EPS薄抹灰外墙外
保温系统施工工艺顺序

图 3-3）；③由于 EPS 板属于有机易燃材料，所以 EPS 薄抹灰外墙外保温系统的防火性差；④外墙外保温系统通过粘贴或机械固定在外墙主体结构上，系统受力较复杂，施工工艺较复杂，需要二次施工，工程施工质量较难控制，影响工程质量的因素增加。

综上所述，EPS 薄抹灰外墙外保温系统优缺点总结如下：

① 它的主要优点是保温效果好、价格合理、施工工艺简单；

② EPS 系统的缺点是板材自身强度低，外贴面砖时需要进行加强处理，需要二次施工，增加工日；

③ EPS 外墙外保温系统致命问题之一是砂浆

图 3-3 粘贴式 EPS 薄抹灰外墙外保温系统裂缝、空鼓、脱落

面层容易开裂，开裂后雨水会通过拼缝深入到保温层内部，将加速裂缝的产生和发展，对保温效果和整个结构的耐久性造成不利的影响。

3.2.1.2 XPS 板薄抹灰外墙外保温系统

（1）XPS 薄抹灰外墙外保温系统构造　挤塑聚苯板 XPS 是以聚苯乙烯树脂为主要原料，加入发泡剂等辅助材料，通过加热混合同时注入催化剂，经特殊工艺连续挤塑压出发泡成型的硬质泡沫塑料新型保温板材，它的学名为绝热用挤塑聚苯乙烯泡沫塑料板，简称 XPS 板；XPS 外墙外保温工程在设计时，要结合建筑物所处地域的气候状况、建筑结构类型及特点等，选择经济合理、施工简单、保温效果良好、耐久性好的外墙外保温系统。在 XPS 薄抹灰外墙外保温系统构造系统设计时，应该综合考虑保温系统各层材料的相容性，匹配性。XPS 系统构造见图 3-4、图 3-5。

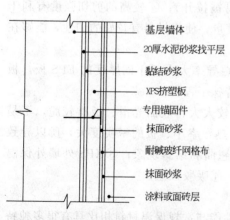

图 3-4 XPS（涂料或面砖饰层）系统构造

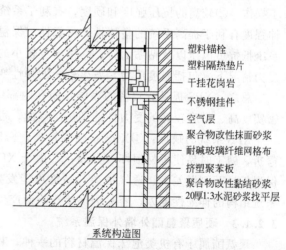

系统构造图

图 3-5 XPS（干挂石材）系统构造

（2）XPS 薄抹灰外墙外保温系统施工工艺流程图（图 3-6）

（3）质量优缺点总结　挤塑板外墙保温系统施工具有施工工艺复杂、施工中需注意的问题多、施工质量要求高等特点；设计时应尽量遵循各材料的性能特点，设计合理的系统结

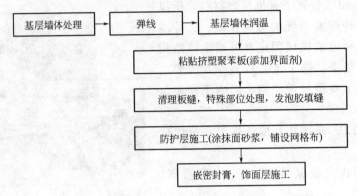

图 3-6 XPS 薄抹灰外墙外保温系统的施工工艺流程图

构，使得保温系统既具有较好的保温效果、质量稳定性又具有足够的安全保障；施工时应严格按照施工工艺流程施工，否则会出现很多质量问题，既影响了保温质量，又拖延了工期，造成人力、财力的浪费；另外，由于 XPS 板薄抹灰外墙外保温系统在保温隔热性能方面的优越性，所以在民用建筑中得到了广泛使用。现在人们普遍关心的问题是 XPS 板的透气性差、表面光滑并且容易发生翘曲等问题；目前 XPS 薄抹灰外墙外保温系统的机械物理性能指标是参照国家建筑工业行业标准《膨胀聚苯板薄抹灰外墙外保温系统》（JG 143—2003）确定的，我国尚无相关规范和标准。

王江波总结了 XPS 外墙外保温系统优缺点，主要内容如下：①节能效果显著；②杜绝"冷桥"；③增加了居住使用面积；④避免了温差产生的结构裂缝，达到了墙体的有效保温，延长了建筑物寿命；⑤改善了居住舒适度、不妨碍室内装修、维护方便；⑥该系统中 XPS 板保温层表面密实度高、抗压强度高，系统抗冲击和抵御各种外力作用的能力比较强。

王宏伟等阐述了 XPS 与 EPS 板材相比具有微细的密闭孔蜂窝状结构，其独特的构造决定了它特有的性能，主要体现在以下几个方面：①较高的硬度和刚度，有利于薄层制品的施工操作；②较高的抗压强度和硬度，有利于系统的坚固性以及系统抗冲击能力；③较高的拉伸强度有利于提高系统的整体性和可靠性（保温层不易被拉开）；④较高的剪切强度有利于系统抵抗负风压以及粘贴面砖；⑤挤塑板较小的弹性模量，使得材料有较好的韧性，能够在受力情况下（包括温度应力）发生较大的弹性变形。

总之，XPS 板具有致密的表层及闭孔内部结构，热导率大大低于同厚度的 EPS 板，板密实度高、具有较好的受力性能和抗湿性能，可用于特殊工程。

XPS 系统的缺点：①XPS 板强度较高，密度相对较大大、表面光滑、板材较脆，不易弯折，施工时易使板材损坏、开裂；②由于 XPS 板的热导率小、板的密实度大，所以导致保温板材两侧温差大、透气性差，最终可能发生板的翘曲和结露现象；③XPS 外墙外保温系统结构的伸缩性能差，容易因环境影响而产生起鼓；④吸胶性差。

3.2.1.3 硬质聚氨酯外墙外保温系统

聚氨酯属于有机类泡沫保温材料的一种，其材料性能与常规保温材料相比具有很多独特优势，尤其是外墙外保温系统的保温隔热性能方面，这对于我国 75% 建筑节能目标的实现具有重要意义。

（1）硬质聚氨酯外墙外保温系统构造　在使用聚氨酯硬泡外墙外保温工程的设计中，应结合建筑物所处地域的气候状况、节能标准要求、建筑结构类型及特点等，选择经济合理、保温效果良好、耐久性好的系统。一般地，聚氨酯外保温系统基本构造如图 3-7 所示。

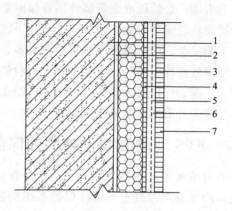

（2）硬质聚氨酯外墙外保温系施工工艺　施工前施工人员须认真熟悉施工图纸，了解聚氨酯外墙外保温系统的系统构造，对施工人员组织培训，使其能够熟练掌握外保温施工工艺；施工过程中应配备专业技术人员收集和整理资料；竣工验收后，洞口尺寸、位置应符合设计要求和质量要求，严格按照要求进行竣工验收。施工流程图如图 3-8 所示。

（3）聚氨酯外墙外保温系统的性能

图 3-7　聚氨酯硬泡外墙外保温系统基本构造

1—基层墙体　2—防潮隔汽层＋胶黏剂　3—聚氨酯硬泡保温层
4—界面剂　5—玻纤网布　6—抹面胶浆　7—饰面层

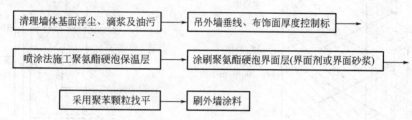

图 3-8　聚氨酯薄抹灰外墙外保温系统的施工流程

指标和质量问题　聚氨酯外墙外保温系统在工程应用中的优缺点主要有以下几个方面。

材料方面：聚氨酯的问题有泡沫发脆、强度低，泡沫发软、熟化慢，泡孔偏大、不均匀，闭孔率低、通孔率高，塌泡、泡沫不稳定，表观密度偏大，收缩变形，泡沫开裂或中心发焦、发黄等问题。由于聚氨酯泡沫热导率低，保温材料密度小，并且达到相同的保温效果的条件下，所采用的保温材料厚度薄等优点，使其既具有良好的保温隔热、防水等功能，而且还可以减轻保温系统自重。

物理方面：①硬泡聚氨板线性尺寸变化对高温高湿环境敏感，而厚度的变化随着距离板材中心的位置不同有差别；②吸水性、水蒸气透过性与开孔率与材料保温性相关的性能要求均满足相应的国家标准；③弯曲负荷、弯曲形变与表观弹性模量范围的确定需要大量基础数据的支持。

施工方面：①喷涂时技术要求较强，易产生喷涂不均匀的现象；②天气情况对喷涂施工的影响较大，特别是在高空操作时，受风力影响容易产生喷涂不均匀的状况；③表面较光滑，将会导致与聚合物砂浆之间的黏结拉伸强度不足，如处理不当可能会造成饰面系统不稳定；④发泡表面不平，需要打磨，费时费力，而且产生的粉末会对环境造成污染。

李天旺认为聚氨酯为目前市场上各方面性能都比较好的保温板材，与传统的聚苯板保温系统相比具有以下优点：①热导率低、吸水率低、耐腐蚀性强并且具有较高抗冲击强度；②聚氨酯材料与基层黏结牢固，能够实现无缝黏结；③聚氨酯作为罩面层具有抗老化能力强，能够有效地避免裂缝的开张；④生产效率高，能够满足各种形状的要求并且不需昂贵的模具制造费用。

综上所述，虽然硬泡聚氨酯外墙外保温系统在热工性能、防水、对主体结构变形的适应能力和抗裂性能强等方面有优势，但在我国近30年的实践应用中也存在不可忽视的缺陷，如施工工艺复杂、施工过程中不可控因素多、价格昂贵、施工过程中对环境造成污染和对工人技术要求较高等；另外，聚氨酯保温材料燃烧过程中不会熔化收缩，燃烧后形成碳构架，无空腔不滴落，可以对火势的扩散起到抑制作用；其使用范围主要适用于节能标准较高、多层及高层复杂外形的建筑外保温系统。

3.2.2　EPS现浇混凝土外墙外保温系统分析

本节着重阐述EPS现浇混凝土外墙外保温系统（有网和无网两种）。

（1）EPS现浇混凝土外墙外保温系统构造　现浇EPS（有钢丝网和无钢丝网）的外墙外保温系统的构造如图3-9、图3-10所示。

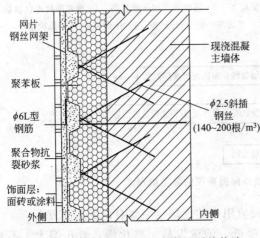

图3-9　现浇EPS（有网）外保温系统构造

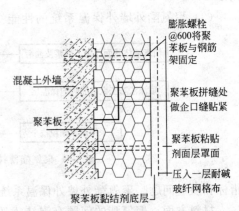

图3-10　现浇EPS（无网）外保温系统构造

（2）EPS现浇混凝土外墙外保温系统施工工艺流程图（图3-11）。

现浇EPS外墙外保温系统中保温板、模板的安装示意如图3-12。

（3）EPS现浇外墙外保温系统指标及质量通病总结　由于保温材料置于外墙外模板内侧，可以起到保温的作用，所以该系统可用于冬季施工。保温系统与结构主体同时浇筑，增强了保温系统与主体结构的黏结力，使其成为一个更加紧密的整体，同时也避免了二次施工，节省了人力、财力和缩短工期。但是EPS现浇外墙外保温系统在使用过程中也存在质量和保温方面的问题，影响现浇EPS板外墙保温系统空鼓、裂缝等质量存在问题的因素有很多并且是相互作用的，如保温系统的系统构造、各构造层材料的匹配程度、施工工艺控制等因素。

林明善总结了钢丝网架聚苯板现浇混凝土外墙外保温系统的优点，它提高了墙体的保温、隔热、防潮性能，杜绝了"冷桥"的产生，能够保持室内舒适的温度，改善了室内居住空间环境；钢丝网架聚苯板与外墙钢筋混凝土墙体同时施工，节约工效，有利于加快施工进度和缩短工期；另外，冬季温度较低时或者夏季温度较高时保温系统给能够有效地对内侧混凝土进行保温隔热，从而提高了钢筋混凝土墙体的质量。

王俊岭假设钢丝网架直径2mm，与苯板厚度方向夹角为20°，布置200根/m²，聚苯乙烯板热导率、钢丝的热导率分别为0.035 W/（m·K）、49.4 W/（m·K），经计算挂钢丝

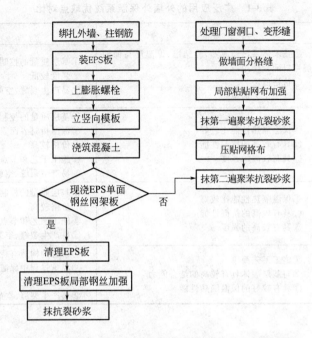

图 3-11　EPS 现浇混凝土外墙外保温系统施工工艺流程

网的 EPS 板外墙保温组合的热导率与不挂钢丝网的聚苯乙烯板热导率之比为 1.713～1.83 倍,结果表明钢丝网的穿插对系统的保温隔热产生了不利的影响。

　　综上所述,现浇 EPS 外墙外保温系统增强了保温系统与基层墙体之间的黏结力,能够解决"冷桥"问题能够更好地抵抗荷载的作用,避免了二次施工,并且具有良好保温效果和增加建筑物使用面积等优点,其缺点为保温系统的使用寿命远远小于房屋的使用寿命,EPS 保温材料在混凝土浇筑过程中由于下部的侧压力比上部的大,导致外模板固定不稳或者

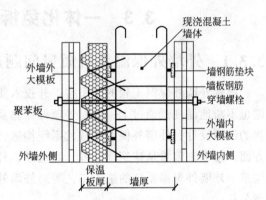

图 3-12　EPS 现浇混凝土外墙外保温
系统保温板、模板安装示意图

是雨水侵蚀经冻融循环导致保温系统面层的脱落、开裂问题等,并且对于穿插钢丝网的 EPS 现浇外墙外保温系统的由于钢丝网的导热系数大,所以想要达到预定的保温指标需要加大保温材料的厚度。

3.2.3　粘贴式外墙保温板外保温系统和 EPS 现浇混凝土外保温系统的对比

　　本章将 EPS、XPS、聚氨酯薄抹灰外墙外保温系统以及现浇 EPS(有钢丝网和无钢丝网)板外墙外保温系统进行比较,为后续提出合理外墙保温系统的系统构造、选择匹配度良好的材料、施工工艺、竣工验收、抗火能力等提供依据。

　　对上述的外墙外保温系统的优缺点进行对比分析,总结如表 3-1。

表 3-1 广泛应用的外墙外保温系统优缺点对比

保温系统	优点	缺点
EPS板薄抹灰外墙外保温系统	①技术体系已经成熟，黏结层、保温层与饰面层可以配套使用 ②价格低廉 ③施工工艺简单	①基层质量的控制要求较高 ②强度较低 ③易产生裂缝、空鼓、脱落问题
XPS板薄抹灰外墙外保温系统	①保温隔热性能比较好 ②具有较高的抗湿性能 ③具有较高的强度	①基层质量的控制要求较高 ②保温板材界面需要进行界面处理 ③价格较高 ④施工工艺和节点的构造有待完善 ⑤易产生裂缝、空鼓、脱落问题
硬质聚氨酯外墙外保温系统	①保温隔热性能比较好 ②具有较高的抗湿性能 ③具有较高的强度	①基层质量的控制要求较高 ②价格较高 ③施工工艺和节点的构造有待完善 ④易产生裂缝、空鼓、脱落问题
EPS现浇混凝土外墙外保温系统	①施工工艺简单 ②与基层墙体具有较高的结合能力 ③具有较好的保温隔热性能	①系统的构造有待完善 ②浇筑过程中保温系统易产生移位即位置固定不稳定 ③易产生裂缝、空鼓、脱落问题

3.3 一体化免拆保温模板设计理论

3.3.1 外墙外保温系统质量问题产生的原因分析

随着外墙外保温工程的大量竣工并投入使用，保温系统质量问题和节能效果不理想等问题也不断地涌现。通过上一节对外墙外保温系统分析，发现其根源涉及建筑物的选址、建筑物的结构设计、外墙外保温系统的系统构造、材料的选择以及施工过程中的施工工艺等几个方面。接下来着重从建筑物的设计和选址、外墙外保温系统材料的选择、外墙外保温系统的构造、外墙外保温系统的施工工艺等对外墙外保温系统质量通病问题影响显著的几个方面进行分析。

3.3.1.1 建筑物的选址、设计因素

建筑物主体部分基础的不均匀沉降、地震作用以及其他外力作用导致建筑主体结构的梁、柱、墙产生过大的层间相对变形而导致的外墙外保温系统裂缝，究其原因是围护结构作为建筑物的一部分，随着外界力的作用发生变形，并且其变形值超过了外墙外保温系统的允许范围；裂缝开裂后，雨水进入，发生冻融循环等不利作用，使保温系统表面产生裂缝、脱落、空鼓现象，所以选择建筑场地时应该选择地基土良好或者经过处理的地基，使其具有足够的地基承载力；在设计建筑物时，应该适当地设计结构缝、采用刚性较大的基础或者采取其他能够减少结构变形的措施。

3.3.1.2 系统材料因素

在外墙外保温系统中，保温层将温度场划分为两个截然不同的部分。保温材料的热导率越小，保温层两侧温差越大，并且系统中保温层的线膨胀系数比防护砂浆层的线膨胀系数大得多，这就要求保护面层中材料的综合性能较高时，才能有效地避免裂缝的出现。据研究表

明，保温材料密度的大小与外墙外保温系统的防护层的黏结能力、防护层的抗冲击能力以及承受荷载的能力成正比；当保温层的密度较小时，外层防护层刚度的选择对整个保温系统的质量稳定性起着至关重要的作用，所以保温系统中各层材料的选择、匹配程度对保温系统的耐久性、质量稳定性的影响不容忽视。

3.3.1.3　系统构造设计因素

外墙外保温系统与环境直接接触，遭受风霜雨雪的侵蚀，这些因素要求外墙外保温系统必须具有很高的力学性能和质量稳定性；保温系统与基层的连接是否牢固以及保温系统结构的构造设计是否能使各种材料的性能充分发挥，关系到保温系统的保温性能和质量稳定性能。在实际应用中建筑外墙外保温系统会受到较大的温度应力，由于保温材料的热导率都很低而外墙外保温系统的保护层砂浆的热导率较高，所以系统受温度作用时，保温材料外侧的聚合物砂浆会对保温材料产生约束作用，从而导致温度产生的应力主要作用在砂浆防护层上，并且由于温度产生的应力，随着季节的变化和循环作用（这种作用效应类似于一种长周期作用下的疲劳荷载），如果由于材料的应变值达到材料的极限应变值［温度产生的应力应变关系见式（3-1）、式（3-2）］，那么外墙外保温系统的外表面就会开裂；根据工程经验，工程中温度应力是影响外墙外保温系统质量的最重要的因素之一；当计算外墙外保温系统产生的应力、应变时，其应该与风荷载、材料的自重等同时考虑。

$$\varepsilon_x = \frac{1}{E}(\sigma_x - \mu\sigma_y) + \alpha(T - T_0) \tag{3-1}$$

$$\varepsilon_y = \frac{1}{E}(\sigma_y - \mu\sigma_x) + \alpha(T - T_0) \tag{3-2}$$

式中　x——外墙外保温系统的宽方向；

y——外墙外保温系统的长方向；

E——材料的弹性模量；

μ——泊松比；

α——热变形系数。

综上所述，在外墙外保温系统的构造设计时，各种材料之间相互约束，合理的系统构造会使得层与层之间的相对变形在允许的变形范围内，不会产生保温防护层的开裂并且具有良好的保温隔热性能；如果外墙外保温系统的系统构造不合理，在相同的温差作用下，各层材料的弹性模量、热胀冷缩系数都相差很大，会使得外墙外保温系统各层之间产生较大的相对变形，保温系统的防护层在外力作用下产生裂缝、空鼓，甚至脱落的几率就会大大增加。

3.3.1.4　施工因素

前述四种外墙外保温系统都是施工现场进行制作，因此施工因素对外墙外保温系统的影响较大，针对施工因素对外墙外保温系统的质量问题的产生的原因进行分析如下。

（1）墙体基层处理不合理导致外墙外保温系统的开裂　在基层处理的施工过程中可能出现以下影响外墙外保温系统质量的问题：①基层墙体的平整度偏差过大（见图 3-13）；②基层墙体表面未达到清洁标准；③穿插锚杆的安装位置、数量和插入基层墙体内的深度不符合设计要求或者墙体中钢筋的绑扎不规范；④系统的空腔面积过大，超过了规范要求。

（2）耐碱网格布的质量问题导致外墙外保温系统的开裂　外墙外保温系统中采用耐碱纤维网格布的目的是增强防护层的整体抗裂能力，分散因环境及自身作用产生的应力集中，传递内力，作为抑制、延缓外墙外保温系统产生裂缝、空鼓、脱落问题的重要防线。耐碱纤维

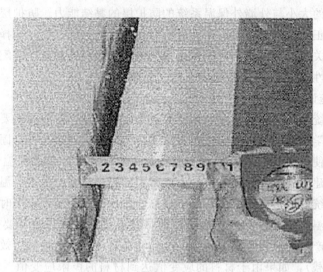

图 3-13　平整度偏差过大

网格布的孔径尺寸及纤维自身的强度指标与外墙外保温系统的抗开裂能力有着密切的关系；如果在外墙外保温系统中耐碱纤维网格布的孔径尺寸过大或纤维的强度指标不足，在环境温度作用下产生的热胀冷缩将有可能造成外墙外保温系统的开裂。此外，由于耐碱网格布长期处于碱性环境中并承受水泥基材料的碱性作用，所以耐碱网格布的耐碱性能也是影响网格布力的分散、传递，即对保温系统抗裂能力有一定的影响。

（3）墙体地基处理不当对外墙外保温系统质量的影响　在外保温系统施工过程中，通常做法是将保温板粘贴延伸到墙体的根部，并把砂浆粉刷至墙体与地面交接处，这种做法非常容易导致防护层砂浆被地面潮气侵蚀，对外墙外保温的质量和保温性能产生影响；究其原因是水的热导率较大，水汽的侵入将使得整个外墙外保温系统的热导率增大，从而使得外墙外保温系统的保温效果折减或者失效，长期作用影响外墙外保温系统的质量。所以位于墙根地基处或者湿气较重的部位应该做防水层，图 3-14 为外墙外保温系统墙根地基处未做防水处理的现象。

图 3-14　外墙外保温系统墙根地基处未做防水处理

目前，大多数外墙外保温系统不是在工厂中进行标准化生产，一般都需要在施工现场进行组装，因此施工工艺对外墙外保温系统的质量和保温效果有很大的影响；并且，目前从事外墙外保温系统的施工队伍大多是没有经过专业培训的非专业人员，这些施工队伍没有专门的资质，不能够制定合理的施工组织，再加上监理环节的不规范、不专业等问题的存在，施工过程中的不可控因素很多。

3.3.2　外墙外保温系统构造设计理论

室外空气温度连续不断地变化，根据持续时间的不同，围护结构经受着季节性、昼夜性以及更短暂的温度波动，所以室内空气、表面及某些围护机构层的温度通常也不断地变化。本节旨在通过热稳定性理论，计算出整个围护结构内各层材料温度波的衰减，即求出任意时刻和任一截面 x 处的温度 $T(x, t)$，根据外墙外保温系统各层材料的温度和各种外界力的影响，按平面应力问题简化公式，提出外墙外保温系统构造设计应该遵循的技术路线，设计出系统构造合理的外墙外保温系统，以防止外墙外保温系统质量问题的产生；对围护结构各层材料所受的温度作用对各层材料的影响进行分析时，取各层材料中心线的温度作为围护结构中各层材料的温度。

根据 O.E. 弗拉索夫和穆罗莫夫所提出热稳定理论，采用分离变量法求解导热微分方程，所求的关系式 $T(x, t)$ 采用两个独立函数之积的形式表示如下：

$$T(x, t) = C f_1(x) f_2(t) \tag{3-3}$$

式中　C——任意常数。

将式（3-3）代入傅里叶微分方程：

$$c\rho \frac{\partial T}{\partial t} = \lambda \frac{\partial^2 T}{\partial x^2}$$

进行变量分离并重新归类后，则得：

$$\frac{1}{\alpha f_2(t)} \times \frac{\partial [f_2(t)]}{\partial t} = \frac{1}{C f_1(x)} \times \frac{\partial^2 [C f_1(x)]}{\partial x^2}$$

则

$$\frac{1}{\alpha f_2(t)} \times \frac{\partial [f_2(t)]}{\partial t} = \frac{1}{C f_1(x)} \times \frac{\partial^2 [C f_1(x)]}{\partial x^2} = -\Psi^2$$

其中

$$f_2(t) = e^{\alpha \Psi^2}$$

$$\Psi^2 = i\omega/\alpha, \quad \omega = 2\pi/t$$

此时 $f_1(x)$ 的通解为：

$$C f_1(x) = C_1 \cos\Psi x + C_2 \sin\Psi x$$

式中　C_1、C_2——任意常数，应该通过边界条件求出。

在通解式中，$C f_1(x)$、$f_2(t)$ 都有自己的含义，其中 $f_1(x)$ 的通解为：

$$C f_1(x) = C_1 \cos\Psi x + C_2 \sin\Psi x$$

式中　C_1、C_2——微积分常数。

通解中 $C f_1(x)$ 是围护结构任意截面 x 处的温度波振幅（考虑其初始相位），$f_2(t)$ 则是确定与某一时刻 t 相对应的振幅分量，所以方程的通解为：

$$T(x, t) = (C_1 \cos\Psi x + C_2 \sin\Psi x) e^{\alpha \Psi^2}$$

将围护结构的边界条件代入，可以确定 C_1、C_2 的值。

热流量 $q(x, t)$ 可通过将 $t(x, t)$ 对 x 求导得出，即

$$-q\ (x,\ t) =\lambda\frac{\partial t}{\partial x}=\lambda\Psi\ (C_1\sin\Psi x+C_2\cos\Psi x)\ e^{a\Psi^2}=S\sqrt{i}\ (C_1\sin\Psi x+C_2\cos\Psi x)\ e^{a\Psi^2}$$

式中

$$\lambda\Psi=\lambda\sqrt{\frac{2\pi ic\rho}{\lambda t}}=S\sqrt{i}$$

通常围护结构内表面的空气换热条件已知，即 $q\ (x,\ t) =\alpha\ [T\ (0,\ t) -t_B]$；围护结构内表面的空气温度是恒定的且取 $t_B=0$，故

$$\alpha=\frac{q\ (0,\ t)}{T\ (0,\ t)}$$

式中 α——放热系数，为实数。

在热稳定理论中引入专门的指数表面蓄热系数，即在一般条件下，任何时刻 t，维护结构中界面 $x=0$ 处的 Y 值为：

$$Y\ (x=0) =\frac{q\ (0,\ t)}{T\ (0,\ t)}=\alpha$$

此时辐角 $\varepsilon_{Y(\omega=0)}=0$。

在围护结构分析中，在厚度方向：$\sigma_Z=\tau_{yz}=\tau_{zx}\approx 0$，可以简化为平面应力问题计算，围护结构任一截面的应变计算方法如下：

$$\varepsilon_{x_i}=\frac{1}{E_i}\ (\sigma_{x_i}+\mu_i\sigma_{y_i})\ +\alpha_i\ (T_i+T_{i-1})$$

$$\varepsilon_{y_i}=\frac{1}{E_i}\ (\sigma_{y_i}-\mu_i\sigma_{x_i})\ +\alpha_i\ (T_i-T_{i-1}) \tag{3-4}$$

式中，x_i 为围护结构中任一层材料的宽度方向；y_i 为围护结构中任一层材料的长度方向；E_i 为围护结构中某一层材料的弹性模量；μ_i 为围护结构中某层材料的泊松比；α_i 为围护结构中某一层材料的热变形系数；T_i、T_{i-1} 为围护结构中某一层材料的界面温度。

另外，结合外墙外保温系统在工程实际应用中出现的问题及对外墙外保温系统的系统构造设计、施工工艺分析和保温系统的优缺点比较，分析发现影响外墙外保温系统质量和保温效果的因素很多，为了更直观地了解各种力对外墙外保温系统的影响，将温度应力作为影响保温系统质量稳定性的主要因素，公式简化如下：

$$\varepsilon_{x_i}=\frac{1}{E_i}\eta\sum_{i=1}^{n=3}\kappa_i\alpha_i\beta_{x_i}(T^i-T_{i-1})$$

$$\varepsilon_{y_i}=\frac{1}{E_i}\eta\sum_{i=1}^{n=3}\kappa_i\alpha_i\beta_{y_i}(T^i-T_{i-1})$$

式中 β_{x_i}——材料因素、构造因素、施工因素对外墙外保温系统各层材料宽度方向应变的贡献；

β_{y_i}——材料因素、构造因素、施工因素对外墙外保温系统各层材料长度方向应变的贡献；

E_i——围护结构中某一层材料的弹性模量；

α_i——围护结构中某一层材料的热变形系数；

T_i、T_{i-1}——围护结构中相邻材料之间的温度；

κ_i——外墙外保温系统中各层材料边界处的约束情况；

η——环境、自身重力对围护结构应变值的贡献，取 $\eta\geqslant 1.0$；

ε_{x_i}、ε_{y_i}——围护结构各层材料，在 x、y 方向的应变值。

工程中设计外墙外保温系统时，为了避免系统的质量通病，各层材料的应变值不超过材料的极限应变值，即

$$\varepsilon_{xi} \leqslant \varepsilon_{\lim}; \quad \varepsilon_{yi} \leqslant \varepsilon_{\lim} \tag{3-5}$$

从式（3-5）中不难看出对外墙外保温系统质量问题产生的影响因素主要可以分为两大类：一是不控制的环境因素和可控但影响因素较多的施工因素；二是外墙外保温系统中可以控制并且控制后果显著的材料因素、各层材料的弹性模量、各层材料的热（冷）膨胀系数、系统构造设计和外墙外保温系统中各层材料界面的约束条件。其中，外墙外保温系统中各层材料的边界条件分析如下。

（1）六面约束良好　在系统构造、材料的各种指标能够满足质量稳定的前提下，保温材料与基层、保温材料的四个侧面以及保温材料与防护砂浆层之间都具有较好的黏结力；不论是夏季隔热、还是冬季保温，保温材料边界面都有很强的约束，会阻止保温材料相对于热膨胀系数较低材料的过大伸长，并且可以阻止板受热后向面外的翘曲，也就是说此时不考虑保温材料受热后出现的不利状况对其相邻防护层极限应变值的贡献，即此时取 $k_i \leqslant 1.0$。

（2）五面约束良好与基层墙体一面的约束不良　在系统构造、材料的各种指标能够满足质量稳定的前提下、保温材料的四个侧面以及保温材料与防护砂浆层之间都具有较好的黏结力，只是与基层墙体一层的约束不良，这种情况下虽然保温材料的四个侧边能够减少保温材料的过大伸缩量对防护层的不利影响，但其与基层墙体可能由于存在空腔或者其他问题，导致保温材料在保温、隔热过程中会发生面外的挠度，经过长期的热冷循环作用，最终使得外墙外保温系统产生空鼓、裂缝、脱落，此时应当考虑保温材料对防护砂浆层的不利影响，取 $k_i \geqslant 1.0$，具体值视具体情况而定。

（3）五面均约束不良　在系统构造、材料的各种指标能够满足质量稳定的前提下、保温材料的四个侧面以及与基层墙体一层的约束不良，只有保温材料与防护砂浆层之间都具有较好的黏结力。此时应当考虑保温材料相对于热膨胀系数较低的材料的过大伸长，并且考虑板受热后向面外的翘曲对防护砂浆层应变值的不利作用，取 $k_i \geqslant 1.0$，具体值视情况而定。

根据上述公式的推导，对外墙外保温系统的技术路线总结如下：外墙外保温系统中各层的界面条件约束良好（尤其是保温材料层理想状态是使其处于六面刚接），材料的选择应尽量使得弹性模量、热（冷）膨胀系数连续或者相差不大，保温系统中各层材料粘接密实且无空腔，避免保温系统中各层材料达到极限应变值。

外墙外保温系统是由多层材料构成的复合保温隔热系统，对于这些外墙外保温系统的研究不能孤立地仅以某单一材料进行研究，而是要以整个系统中各层材料的相容性、材料的热（冷）膨胀系数、材料的弹性模量、系统构造、施工因素、边界条件和环境因素综合考虑。

3.4　一体化免拆保温模板的设计

3.4.1　一体化免拆保温模板体系

一体化免拆保温模板体系是由核心构件一体化免拆保温模板（经工厂化预制、标准化生

产的标准件）作为外模板，与结构的剪力墙同时浇筑、养护成型，作为保温系统不再拆下，填充墙部位辅之以自保温砌块填充，在两者的交接部位通过局部节点的特殊设计和构造措施使两者结合为一个整体，从而实现具有结构和保温功能的一体化外墙保温工程。一体化免拆保温模板构造如图 3-15。

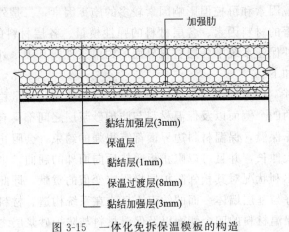

图 3-15　一体化免拆保温模板的构造

在现浇的混凝土工程施工过程中，模板直接与混凝土的表面接触，而且处于流动状态的新浇筑混凝土的自重或侧压力作用到模板的面板上，这就必须要求模板要有一定的承载的强度和刚度。因此，制作一体化免拆保温模板的前提条件必须要使它具有很好的力学性能，而且要有很高的抗弯能力。

3.4.1.1　一体化免拆保温模板组成材料的选择

（1）高效保温材料　XPS 板的抗冲击能力较高、抵抗老化的能力强，热导率小，强度高，吸水率低，是一种较好的轻质保温材料。综合考虑，选择 XPS 板作为一体化免拆保温模板保温层材料的基本构架。一体化免拆保温模板中 XPS 板的性能指标见表 3-2。

表 3-2　XPS 板的性能指标

试验项目	单位	性能指标	试验方法
密度	kg/m³	30~35	GB/T 10801.1
压缩强度	MPa	≥0.2	GB/T 10801.2
导热系数	W/(m·K)	≤0.030	GB/T 10294
燃烧性能	—	不低于 B2 级	GB/T 10801.2

XPS 的选用规格可以根据建筑结构的层高，开间的宽度灵活设计，但是为了实现工厂化，针对北方的建筑结构的布置格局及相近尺寸，需生产标准化的构件。具体尺寸及尺寸的偏差规定如表 3-3、表 3-4。

表 3-3　XPS 板标准尺寸

板类型	厚度/mm	宽度/mm	长度/mm	保温层厚度/mm
标准板	55、60、65、70	600、1200	1200、2400、3000	40、45、50、60

表 3-4　XPS 板尺寸允许偏差

项目	允许偏差/mm
长度	±3
宽度	±2
厚度	+2，−1
对角线差	≤5
板侧面平直度	≤L/750
板面平整度	≤2

注：L 为 XPS 板的长度。

聚氨酯的性能指标：聚氨酯保温材料是一种具有氨基甲酸酯链段重复结构单元的聚合物，结构方面呈三维网格；它是由异氰酸酯和多元醇反应制成的，孔是泡沫的基本单元，大部分孔为封闭孔结构；聚氨酯的表层和多孔内芯密实度高，能够有效地避免毛细管吸水对系统保温效果的影响。工程中采用的聚氨酯硬泡密度一般为 $35\sim40\mathrm{kg/m^3}$，热导率为 $0.018\sim0.023\ \mathrm{W/（m\cdot K）}$，是目前所有保温材料中导热系数最低，热工性能最好的保温板材；另外，其还在防水、防火方面性能优异，所以被广泛应用于外墙外保温、屋顶保温及冷库、粮库、档案室、管道、门窗口等特殊部位的保温。在一体化免拆保温模板中使用的聚氨酯材料性能指标见表 3-5。

表 3-5　聚氨酯的性能指标

项目		喷涂法	浇注法	粘贴法或干挂法
表观密度/(kg/m²)		≥35	≥38	≥40
热导率/[W/(m·K)]			≤0.023	
拉伸黏结强度/kPa		≥150	≥100	≥150
拉伸强度/kPa		≥200	≥200	≥200
断裂延伸率/%		≥7	≥5	≥5
吸水率/%			≤4	
阻燃性能	尺寸稳定性/%		80℃，≤2.0　−30℃，≤1.0	
	平均燃烧时间/s		≥70	
	平均燃烧范围/mm		≤40	
	烟密度等级（SDR）		≤70	

（2）聚合物砂浆　一体化免拆保温模板所用的黏结加强层、黏结层、抹面等聚合物水泥砂浆采用标号 42.5 的普通硅酸盐水泥与聚合物制成，应符合《预拌砂浆》（GB/T 25181）的相关要求。

（3）界面剂　保温材料板与两侧黏结层之间所使用的界面剂，应能满足层间拉伸黏结强度的要求。

（4）保温砂浆料　保温浆料的性能指标应符合表 3-6 要求。

表 3-6　保温浆料的性能指标

实验项目	单位	性能指标	试验方法
干密度	kg/m³	≤300	
热导率	W/(m·K)	≤0.07	
抗压强度	MPa	≥0.20	JG 158
压剪黏结强度	MPa	≥0.05	
拉伸黏结强度	MPa	≥0.10（与水泥砂浆试块）	
燃烧性能等级	—	不低于 B1 级	GB 8624

（5）后热镀锌电焊网和耐碱玻璃网格布　作为面层增强材料的后热镀锌电焊网和耐碱玻璃网格布，其性能指标见表 3-7、表 3-8。

表 3-7　耐碱玻璃网格布

试验项目	单位	性能指标	试验方法
单位面积质量	g/m²	≥160	GB/T 9914.3
耐碱网格布的拉伸断裂强力（经、纬向）	N/50mm	≥900	GB/T 7689.5
耐碱拉伸断裂强力保留率（经、纬向）	%	≥75	JC 561.2 附录 A
断裂伸长率（经、纬向）	%	≤4.0	GB/T 7689.5

表 3-8　后热镀锌电焊网

试验项目	单位	性能指标	试验方法
单钢丝直径	mm	0.8～1.0	
同孔中心距	mm	12.7～19.0	
镀锌层质量	g/m³	≥122.0	GB/T 3897
焊点拉应力	N	≥65.0	

当采用耐碱玻璃网格布和后热镀锌电焊网作为一体化免拆保温模板的抗裂措施时，所用抗裂砂浆层的厚度为 5mm、8mm。在一体化免拆保温模板外模板的拼接处、外模板与自保温砌块的相交处和房屋的阴、阳角处，都应采用耐碱网格布或者后镀锌电焊网压入抗裂砂浆中部，作为增强的抗裂构造措施。

（6）连接件　包括工程塑料和具有防腐性能的金属螺杆、螺母和塑料圆盘等部分组成。

3.4.1.2　自保温砌块的选择

自保温砌块应为自身具有优良保温性能的砌块，主要包括各类混凝土复合自保温砌块等。自保温砌块的性能指标应能满足建筑墙体保温与结构一体化技术要求和有关标准要求，本节对自保温砌块保温特性不做详细的阐述。

3.4.2　一体化免拆保温模板设计思路

3.4.2.1　设计思路简介

外墙外保温是将保温体系置于外墙外侧，可以减少昼夜或者年温差对主体结构产生的温度作用，所以能够保护结构主体、阻断"冷桥"、延长结构的使用寿命，但是被置于主体结构外墙外侧保温系统，就会受到自然界各种因素影响，这就需要外墙外保温系统较好的质量稳定性能。在得热量相同的情况下，当抗裂防护层厚度为 3～20mm 且保温材料具有较大的热阻时，研究太阳辐射及环境温度变化对外保温系统影响，结果表明外保温抗裂防护层温度变化速度比无保温情况下主体外墙温度变化速度提高 8～30 倍。

一体化免拆保温模板系统构造的设计思路。

① 明确一体化免拆保温模板是一个复合系统，所以各种材料的选择应满足相容和匹配性，并且遵循"保温系统中各层的边界条件约束良好，各层材料弹性模量、热（冷）膨胀系数值连续或者相差不大，保温系统中各层材料之间无空腔"为技术路线。

② 采用聚氨酯工字型构件不仅可以连接保温板、填充一体化免拆保温模板之间的缝隙，还可以对一体化免拆保温模板的四个侧面进行有效的约束；其翼缘可以对板角进行适当的约束防止板的翘曲、对板边也具有保护作用；另外，可以使一体化免拆保温模板具有更好的防火性能。

③ 在聚合物砂浆、保温过渡层砂浆中设置耐碱网格布，能够有效地传递应力，不产生应力集中；另外，保温过渡层的设置，使得各层材料之间的性能指标值差异不至于过大并且能够减少骨架 XPS 板两侧的温差。

④ XPS 板开设凹槽并在凹槽内填充具有相同保温效果的聚氨酯，因为聚氨酯与有机、无机材料都具有良好的黏结能力，并且能够让加劲肋与保温浆料形成更牢固的黏结，从而避免了有机、无机材料之间黏结能力差的问题。

一体化免拆保温模板与基层墙体的构造方式见图 3-16。

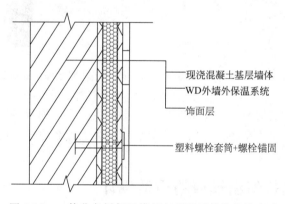

现浇混凝土基层墙体
WD外墙外保温系统
饰面层
塑料螺栓套筒+螺栓锚固

图 3-16　一体化免拆保温模板与基层墙体的构造方式

3.4.2.2　设计思路依据

由于外墙外保温系统的隔热性能较好，XPS 保温材料层的热导率可为 0.03W/（m·K），其保护层的温度在夏季最高可达 75℃，若是突降暴雨可以导致表面温差为 50℃ 左右；选取 Solid 5 单元，建立有限元模型、施加荷载、求解及后处理，在单元类型的选取上考虑了热结构耦合分析，利用 ANSYS 软件建模后，输入相应的边界条件，可以得到 XPS 薄抹灰外墙外保温系统，在 75℃、−15℃ 下的温度应力、位移分布（见图 3-17～图 3-20）；建模时，假设材料层之间连接紧密，材料性能为各向同性，由于层间黏结层的厚度较薄，所以忽略层间热阻，并且采用塑料套筒，所以不考虑锚栓的不利作用。

分析结果表明，应力在保温板的中间部位比较集中且作用明显；变形较大的部位发生在模型的边缘部位，中间的变形小；对于外围护结构来说，由于各层材料之间会产生不同的温差，各层材料之间的热膨胀系数相差较大，保温材料的变形量远远超过防护层的变形量，所

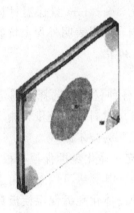
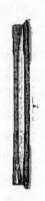

图 3-17　XPS 外保温系统 75℃的应力分布　　　　图 3-18　XPS 外保温系统 75℃的位移分布

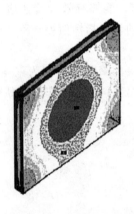

图 3-19　XPS 外保温系统－15℃的应力分布　　　　图 3-20　XPS 外保温系统－15℃的位移分布

以保温层材料会产生一定的翘曲，使得防护砂浆层产生一个向内或者向外的挠度，所以产生应力集中；当外墙外保温体系各层材料的相对变形量太大即超过材料的极限应变时，外墙保温系统就会产生裂缝等问题。

3.4.3　一体化免拆保温模板的构造设计

一体化免拆保温模板采用多层构造形式：

① 一体化免拆保温模板设置了内外侧黏结加强层、保温层、加强肋、保温过渡层；

② 保温层通常为挤塑板，起保温隔热作用；

③ 内外侧设置黏结加强层，采用专用聚合物水泥砂浆制成，既增强了保温板与现浇混凝土的拉伸黏结强度，又提高了一体化免拆保温模板的抗折载荷和抗冲击强度；

④ 设置了保温过渡层，缓解了保温模板因环境变化产生的应力，有效提高了板的抗裂性能。

3.4.3.1　加劲肋的设置

以下经过一个简单的对比验证，来说明加劲肋设置的有益效果。

（1）对比方案一（不设加劲肋）　　如图 3-21 所示，XPS 板两侧各有 8mm 的聚合物水泥砂浆。

（2）对比方案二（设加劲肋）　　一体化免拆保温模板作为结构的外模板，抗折强度必须在 2000N 以上，以此来满足在施工及运输过程中产生的荷载，在 XPS 板外侧开设截面尺寸 6mm×6mm 的凹槽网格，网格间距 20cm×20cm，并在其中灌入尼龙带和聚合物水泥砂浆，用来作为一体化免拆保温模板的加强肋，以此来提高模板的抗弯强度，如图 3-22 所示。

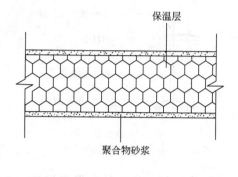

图 3-21　对比方案一（不设加劲肋）

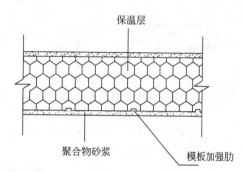

图 3-22　对比方案二（设加劲肋）

（3）强度试验及性能参数　采用《玻璃纤维增强水泥轻质多孔隔墙条板》（GB/T 19631—2005）中测轻质墙板抗折强度的试验方法，测验两种方案的抗折强度。取模板横向长度 600mm 的试件，共三块，将试样平置于两个平行支座上，使板中心线与加荷杆中心线重合，两支座间跨度为 1200mm，均匀加载，控制试样在 15s 至 45s 内断裂，得到模板的断裂最大破坏荷载，取三块最大破坏荷载的算术平均值为测试数值，精确到整数位。经测定的两种方案的性能参数见表 3-9。

表 3-9　对比方案性能参数

实验项目	单位	标准要求	加载结果	平均值
抗弯荷载（方案一）	N	≥2000	2150	2006
			1916	
			1952	
抗弯荷载（方案二）		≥2000	4009	3922
			3799	
			3957	

（4）方案选定　由实验数据可以得出，在方案一中，平均值可以满足模板强度的要求，但是事实应用中的安全度不可靠；方案二中由于加劲肋的存在，极大地提高了模板的抗折强度，从强度的角度考虑，方案二是优于方案一的。选定方案二作为一体化免拆保温模板的设计方案，即在模板中设置加劲肋。

3.4.3.2　螺栓的设置与布置

一体化免拆保温模板的连接件应采用强度高的塑料螺栓或经过特殊处理的金属锚栓；首先将连接件穿过塑料套筒，在一体化免拆保温模板与室外环境接触的一端用塑料盖盖严，塑料套筒贯穿一体化免拆保温模板直至板的内侧截断并用塑料垫片堵住塑料套管，继续延伸与墙体钢筋绑扎牢固，锚杆端头带有羊角栓帽并与墙体中的钢筋骨架绑扎牢固。螺栓圆盘的直径和螺栓深处套管后的延伸长度分别不小于 50mm、25mm，其抗拉承载力标准值不小于 0.5 kN/个。连接件的布置如图 3-23、图 3-24。

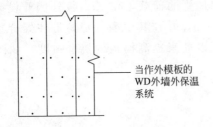

当作外模板的
WD外墙外保温
系统

锚栓塑料套筒分布

图 3-23　连接件的布置

注意：1. 塑料套筒距离聚苯板边的端
距、边距均不小于 50mm；
2. 套筒中心之间的垂直距离为 500mm，
水平距离为 250mm。

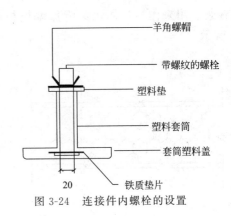

羊角螺帽

带螺纹的螺栓

塑料垫

塑料套筒

套筒塑料盖

铁质垫片

图 3-24　连接件内螺栓的设置

采用塑料螺栓套筒，能够避免一体化免拆保温模板产生"冷桥"，并且能够避免削弱一体化免拆保温模板的保温效果。

3.4.3.3　工字型连接件的设置

板与板缝之间采用由聚氨酯材料制成的工字型构件填充，如图 3-25。

工字型构件的高度、腹板的厚度可以随着一体化免拆保温模板的厚度做适当的调整。

3.4.3.4　XPS 板开槽位置

60mm 厚 XPS 板面开槽位置及尺寸见图 3-26、图 3-27。

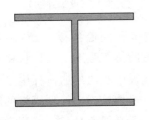

图 3-25　工字型构件

XPS 板所开的凹槽内填充聚氨酯，一体化免拆保温模板采用 60mm 厚的 XPS 板材，开槽深度为 40mm；由于相同厚度的保温材料，聚氨酯的热阻值是 XPS 热阻值的 1.5 倍左右，所以要达到相同的保温效果需要填充的聚氨酯厚度为 25mm，填充聚氨酯完毕后凹槽与 XPS 板面还有 15mm 的距离，此段凹槽可以作为保温过渡层与保温材料之间的加劲肋，增强无机与有机材料的黏结强度；另外，聚氨酯与无机材料、有机材料都具有很好的黏结能力。采用的凹槽、聚氨酯填充是从构造和材料方面对材料之间的黏结能力进行了改善。

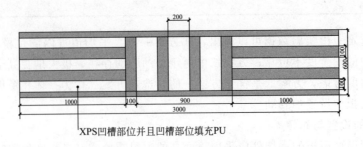

XPS凹槽部位并且凹槽部位填充PU

图 3-26　XPS 开凹槽部位布置

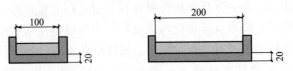

图 3-27　60mm 厚 XPS 纵、横向开凹槽部位剖面

3.4.4 模板系统分析与计算

3.4.4.1 对模板系统的要求

模板是现浇混凝土工程的模具，一般情况下的模板都是临时的结构体系，称模板系统，它由模板材料和支撑系统两部分组成。模板部分是指与混凝土直接接触且具有形状要求的部分；支撑系统是指保证模板面板的形状和位置，并承受模板、钢筋、新浇混凝土自重及施工荷载的临时性结构。

一体化免拆保温模板作为一种新型模板系统，必须满足下列条件：

① 保证建筑工程各个结构和构件正确的形状、尺寸和相互位置；

② 必须具有足够的强度、刚度和稳定性，能承受新浇混凝土的自重和侧压力，以及施工荷载；

③ 构造简单，便于钢筋绑扎、安装和混凝土现场浇筑及浇筑完成后的养护等；

④ 一体化免拆保温模板的接缝处不应有漏浆现象；

⑤ 模板的平整度和垂直度要复合要求；

⑥ 模板表面与混凝土必须有一定的黏结性能及本身的耐久性。

3.4.4.2 设计荷载

在模板和其支撑系统的设计过程中，荷载主要包括：支架和模板自重、混凝土自重、钢筋的自重、人员和设备产生荷载、振捣时的荷载、混凝土对模板侧向的压力、倾倒时的水平荷载等。

在模板计算时，一般只考虑由于振捣所产生的荷载、混凝土产生的侧向压力、倾倒时的水平荷载，本体系中用的混凝土具有很高的流动性，因此可以只考虑混凝土对模板侧面的压力和倾倒混凝土时产生的水平荷载。

（1）混凝土对模板侧面力　影响模板侧压力的因素有很多，比如水泥品种与用量、集料的种类、水灰比大小、外加剂添加等原材料；而且还要混凝土浇筑时温度和浇筑速度以及振捣方法等施工条件、模板情况、构件的厚度、钢筋的用量和排放的位置等，这些都是影响模板侧压力的大小因素。

混凝土的密度和浇筑时的温度以及浇筑速度和振捣方法等对混凝土侧压力影响较大，它们是计算混凝土侧向压力的主要控制因素。

在我国《混凝土结构工程施工及验收规范》中，是用流体静压力原理导出混凝土的侧向压力的。新浇筑的混凝土在模板上作用的最大侧向压力，可按式（3-6）、式（3-7）计算，并取两式的最小值：

$$F = 0.22\,\gamma_c t\,\beta_1\beta_2\sqrt{V} \tag{3-6}$$

$$F = \gamma_c H \tag{3-7}$$

式中　F——新浇混凝土对模板的最大侧压力，kN/m^2；

γ_c——混凝土的重力密度，取 $24kN/m^3$；

t——新浇混凝土初凝时间，h，可按 $t=200/(T+15)$ 计算；

T——混凝土的入模温度，℃；

V——混凝土浇筑速度，m/h；

H——混凝土的侧压力计算位置处至新浇混凝土顶面的总高度，m；

β_1——外加剂影响系数，不掺外加剂时取 1.0，掺具有缓凝作用的外加剂时取 1.2，本章取 1.2；

β_2——混凝土坍落度影响修正系数，当坍落度<30mm 时取 0.85，当坍落度为 50～90mm 时取 0.95，当坍落度为 110～150mm 时，取 1.15。

（2）倾倒混凝土时对模板产生的水平荷载标准值，按表 3-10 采用，混凝土侧压力分布计算图见图 3-28。

表 3-10　向模板中浇筑混凝土时产生的水平荷载标准值

项次	向模板中供料方法	水平荷载标准值/(kN/m^2)
1	用溜槽、串筒或由导管输出	2
2	用容量为<0.2m³的运输器具倾倒	2
3	用容量为 0.2～0.8m³的运输器具倾倒	4
4	用容量为>0.8m³的运输器具倾倒	6

注：作用范围在有效压头高度以内。

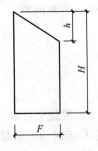

图 3-28　混凝土侧
压力计算分布图
（h 为有效压头高度，m，$h = F/\gamma_c$）

在计算倾倒混凝土所产生的荷载时，在有效压力范围内与混凝土侧压力叠加，但按式（3-6）所计算得到混凝土的最大侧压力值已经包括了振捣和倾倒等影响因素，所以计算时混凝土的最大侧向压力值不用叠加，在有效压力范围内的叠加值应小于该数值。按式（3-7）计算时取用的混凝土侧向压力值在有效压力范围内进行叠加，但是它叠加的结果也应小于公式（3-6）的所得的最大侧向压力值。

（3）荷载分项系数　计算模板及其支架时的荷载设计值，应采用荷载标准值乘以相应的荷载分项系数求得，荷载分项系数按表 3-11 采用。

表 3-11　荷载分项系数

项次	荷载类别	分项系数
1	模板及支架自重	
2	新浇筑混凝土自重	1.2
3	钢筋自重	
4	施工人员及施工设备荷载	1.4
5	振捣混凝土时产生的荷载	
6	新浇筑混凝土对模板侧面的压力	1.2
7	倾倒混凝土时产生的荷载	1.4

（4）参与模板及其支架的荷载效应组合的各项荷载（表 3-12）

表 3-12　荷载效应组合

项目	荷载类别	
	计算强度用	计算刚度用
大体积结构、柱（边长>300mm）、墙（厚>100mm）的侧面模板	侧压力+水平荷载	侧压力
柱（边长≤300mm）、墙（厚≤100mm）的侧面模板	侧压力+水平荷载	侧压力

3.4.4.3　设计规定

模板系统设计过程中，要确定计算简图，必须根据模板的构造。当验算模板和其支撑刚度时，最大变形不得能超过规范要求的允许值：在结构的表面外露模板 $L/400$（其中 L 为模板构件计算跨度）。

3.4.4.4　模板系统计算

为了保证该模板系统有足够的强度、刚度及良好的经济性，应当对其进行设计。模板系统包括面板、主楞和次楞等，都可以看作受弯构件，可以按简支梁和连续梁简化计算。为了偏安全考虑，当按简支梁计算时，主、次楞可按多跨的连续梁简化计算。

为了详细分析模板的受力情况，列举工程中的实际例子来计算。

某建筑墙体高度为 2.8m，厚度为 120mm，采用一体化免拆保温模板，由自密实混凝土浇筑，重力密度为 25kN/m³，浇筑速度 1.0 m/h，浇筑时温度为 25℃，一体化免拆保温模板的厚度取 50mm，弹性模量为 15GPa，主楞采用 Φ48mm×3.5mm 钢管，次楞采用 50mm×80mm 的木方，木材弹性模量 $E=7\times10^3$ N/mm²，抗弯强度设计值 $f_m=10$MPa，对拉螺栓抗拉强度 $f=170$MPa，模板容许挠度 $L/400$。

（1）确定荷载设计值

① 混凝土侧压力计算

a. 混凝土侧压力标准值

$\gamma_c=25$kN/m³，$t_0=200/$（$20+15$）℃，$V=1.0$ m/h，$H=2.8$ m，$\beta_1=1.0$，$\beta_2=1.15$

$$F_1=0.22\,\gamma_c t_0\beta_1\beta_2 V^{0.5}=0.22\times25\times\frac{200}{20+15}\times1.0\times1.15\times1^{0.5}=36.12\text{kN/m}^2$$

$$F_2=\gamma_c H=25\times2.8=70\text{kN/m}^2$$

所以取 36.12kN/m² 作为新浇筑混凝土的侧压力标准值。

b. 混凝土侧压力设计值 $F=1.2\times36.12=43.34$kN/m²。

② 倾倒时产生的水平荷载。根据实际施工经验和施工数据可以将倾倒混凝土时所产生的水平荷载标准值采用 4kN/m²，$F_3=1.4\times4=5.6$kN/m²。

③ 荷载组合确定。

强度验算时产生的荷载：$F=5.6+43.34=48.94$kN/m²

刚度验算时产生的荷载：$F'=36.12$kN/m²

（2）次楞间距和主楞间距　一体化免拆保温模板是从工厂制作的，到施工现场需要有运输过程，要组装成建筑物的外形，必须要保证在安装运输的过程中不发生影响使用的变形，并且在浇筑完成后不产生超过允许的挠度。所以必须在模板背后加主次楞，拼接成需要的形状，次楞支承保温板，主楞支撑次楞，承受模板依次传递的荷载，为便于分析，将简化的次楞看成是以主楞为支点的简支梁，承受一体化免拆保温模板传来的均布荷载，假设次楞间距为 a mm，主楞间距为 $b$mm，模板支撑布置如图 3-29 所示。

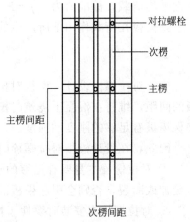

图 3-29　模板支撑布置简图

① 满足次楞强度所得关系式

次楞承受的线荷载：$q=F\times a/1000$N/mm

次楞承受的最大弯矩：$M_{max} = qb^2/8 = Fab^2/8 \times 10^3$

则最大正应力为：$\sigma_{max} = M_{max}/W = Fab^2/(8 \times 10^3 W)$

$$a \leqslant \frac{8 \times 10^3 f_m W}{Fb^2}$$

② 满足次楞刚度所得关系式

刚度计算时，次楞取线荷载标准值：$q' = F'a/1000$

内楞产生的最大挠度：

$$\overline{\omega}_{max} = \frac{5qb^4}{384EI} \leqslant [\omega] = \frac{b}{400}$$

$$a \leqslant \frac{384 \times 10^3 \times EI}{5 \times 400 \times F'b^3}$$

联立以上两式：$b \approx 517mm$，$a \leqslant 204mm$

③ 当满足模板强度所得关系式，把一体化免拆保温模板看成以次楞为支点的简支梁，承受混凝土传来的均布荷载，模板厚度取50mm，取模板跨度为$a$mm，取计算宽度1m。则一体化免拆保温模板在计算宽度上承受的荷载可取为线性平均荷载，结果为：

$$q = 48.94N/mm$$

模板横截面所承受的正应力为：$\sigma_{max} = \dfrac{M_{max}}{W} = \dfrac{qa^2/8}{1000 \times 50^2/6} \leqslant \sigma$

模板的静弯曲挠度：$\sigma = 3PL/2bh^2$

式中　P——破坏压力，N；

　　　L——支座距离，mm；

　　　b——试件宽度，mm；

　　　h——试件宽度，mm。

$\sigma = 3PL/2bh^2 = 4.7MPa$；则$a \leqslant 565mm$

综上所述，次楞间距，可取$a = 200mm$。

④ 满足模板刚度所得关系式，则一体化免拆保温模板在计算宽度上承受的荷载可取为线性平均荷载，标准值为：$q = Fc/1000 = 36.12N/mm$

则模板在荷载作用下所产生的最大挠度：

$$\overline{\omega}_{max} = 0.005 \leqslant [\omega] = \frac{200}{400} = 0.5mm$$

（3）对拉螺栓设计　模板对拉螺栓是连接内外两组模板的连接件，其作用是保持内外模板的间距，维持在混凝土浇筑时模板的稳定性，抵抗模板两侧的混凝土侧压力和其他荷载，确保模板有足够的刚度和强度。

因此，在设计模板对拉螺栓时应重点注意以下几个方面：

① 对拉螺栓本身要有足够的强度和刚度，当承受混凝土侧压力时，不能产生较大的受拉延伸或断裂，否则会引起模板的胀裂；

② 对拉螺栓在安装时要便于控制位置和尺寸，以保证拼装模板间距的准确和现浇混凝土表面的平整；

③ 对拉的部件应结构简单，便于安装和拆卸，能多次使用，避免浪费；

④ 要有一定的防腐蚀能力。

对拉螺栓种类繁多，在国内一般采用圆杆式拉杆，是现在工程中最常用的形式，通常称作对拉螺栓或者穿墙螺栓，主要的规格包括M12、M14、M16、M18、M20、M22六种，其力学性能见表 3-13。

表 3-13　不同直径的对拉螺栓力学性能

螺栓直径/mm	螺纹内径/cm	净面积/cm²	容许拉力/N
M12	0.985	0.76	12900
M14	1.155	1.05	17800
M16	1.355	1.44	24500
M18	1.493	1.74	29600
M20	1.693	2.25	38200
M22	1.893	2.82	47900

通过以上分析可知，次楞间距取 200mm，主楞间距可取为 500mm，在实际计算过程中，简化为将主楞看作是以对拉螺栓为支点的简支梁，以集中荷载代替所承受的均布荷载，计算跨度取为 l_0。

① 满足主楞强度条件

主楞承受的线荷载：$q = Fb/1000 = 24.47 \text{N/mm}$

主楞承受的最大弯矩：$M_{max} = q l_0^2/8$

则有

$$\sigma_{max} = \frac{M_{max}}{W} = \frac{q l_0^2}{8} \leqslant f$$

$$l_0 \leqslant 571 \text{mm}$$

② 满足主楞刚度条件

主楞承受的线荷载：$q = Fb/1000 = 18.06 \text{N/mm}$

主楞的最大挠度：$\overline{\omega}_{max} = \frac{5q a^4}{384EI} \leqslant [\overline{\omega}] = \frac{l_0}{400}$

$$l_0 \leqslant 645 \text{mm}$$

对拉螺栓可以布置在主次楞的交点，综合可取主楞的计算跨度为 600mm。

③ 确定螺栓规格

对拉螺栓承受的拉力：$P = 48.94 \times 0.6 \times 0.5 = 14.68 \text{kN}$

螺栓净截面面积：$A \geqslant \dfrac{P}{[f_t]} = 86.35 \text{mm}^2$

为减少在一体化免拆保温模板面上孔洞，宜采用较大直径的对拉螺栓，选用 M14 螺栓，净截面面积为 105mm²。

由此得出结论：当墙体高度为 2.8m，混凝土浇筑速度 1.0m/h，混凝土浇筑时温度为 25℃，一体化免拆保温模板的厚度为 50mm，主楞采用 Φ 48mm × 3.5mm 钢管，间距可取 500mm，次楞采用 50mm × 80mm 的木方，间距取 200mm，对拉螺栓型号可取 M14 螺栓，此例计算结果将为一体化免拆保温模板体系在施工过程中的应用提供数据参考。

3.4.5　一体化免拆保温模板的设计原则

一体化免拆保温模板是一种适用于现浇混凝土结构工程的技术，建筑工程的承重结构及内部构造仍按国家及当地现行有关标准规程设计。一体化免拆保温模板遵循的设计前提是系统的热工性能能够满足建筑物节能指标的要求，设计前提如下：

① 围护结构的热阻值不应小于建筑物所在地区规定的最小热阻值；

② 注意室内温度和湿度的调节，尤其是"冷桥"部位室内表面的温度不应低于室内空气的结露温度；

③ 局部节点部位（阳台、门窗洞口、挑檐等部位）应进行详细的保温构造设计和防裂措施；

④ 一体化免拆保温模板的保护层不得存在可能可导致雨水渗透至保温层的裂缝板缝；

⑤ 在材料和构造措施改变处、结构缝处、位移较大的部位，应该设置变形缝；

⑥ 外墙外保温系统各组部分应具有稳定的性能，如化学、物理、防腐、防生物侵害等。

3.4.5.1 局部节点构造处理

虽然外墙外保温体系的发展已经比较成熟，但是细部节点的设计还有不足之处，并且在施工方案中也常常缺乏对工程细部节点施工质量的控制，从而导致保温系统板的交界处、材质变换处、构造措施变换处等出现面层裂缝、渗水等问题，不仅影响了建筑的正常使用和美观，而且随着水的侵入会减弱保温系统的保温效果，甚至影响主体结构的安全。因此，本章针对外墙保温工程局部节点构造进行研究、设计，提出了相应的改进措施及设计建议，使其局部节点设计更合理，从而更有利于一体化免拆保温模板的推广应用。建筑物节点的构造部位主要是指一体化免拆保温模板与自保温砌块的对接处、勒脚处、采暖和非采暖空间的楼板部位、阴阳角部位、门窗洞口、阳台、凸窗、女儿墙、变形缝等部位。建筑物节点是外墙外保温系统的薄弱环节，是最容易产生"冷桥"、水汽渗入等影响保温效果的部位，所以应该进行详细的局部设计。

建筑物局部节点设计见图 3-30～图 3-34。

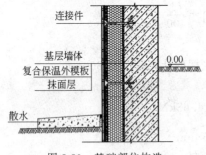

图 3-30 基础部位构造

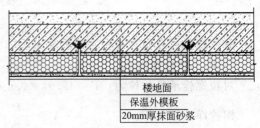

图 3-31 采暖与非采暖空间的楼板保温构造

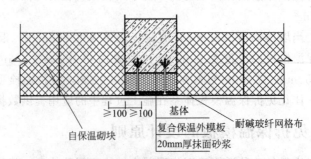

图 3-32 一体化免拆保温模板与自保温砌体相交部位构造

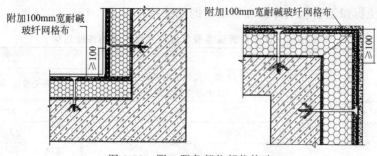

图 3-33　阴、阳角部位部位构造

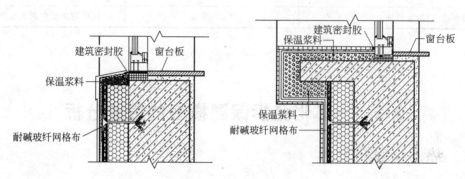

图 3-34　窗洞口部位构造

3.4.5.2　节能设计

采用一体化免拆保温模板建筑工程的节能设计和热工计算按照国家和当地现行居住建筑和公共建筑节能设计标准的规定进行，传热系数依据保温层 XPS 板的厚度计算确定，其他构造层作为热工性能的安全储备。

对于门窗框外侧洞口、女儿墙、阳台以及出挑构件等"冷桥"部位采用保温浆料处理，采暖与非采暖空间的楼板保温可直接采用一体化免拆保温模板与混凝土现场浇筑的方式进行保温。

3.4.5.3　性能指标要求

一体化免拆保温模板具有两方面的作用：①当作墙体现浇混凝土的外模板；②具有保温隔热、防火等作用。其性能指标如下。

①经实验测得一体化免拆保温模板当作模板时的性能指标见表 3-14。

表 3-14　一体化免拆保温模板当作模板的性能指标

实验项目		单位	标准要求	检测结果
面密度		kg/m²	≤30.00	23.80
抗冲击强度		J	≥10.00	10.00J 冲击 10 点,无破坏
抗弯荷载		N	≥2000.00	3922.00
拉伸黏结强度（与 XPS 板）	原强度	MPa	≥0.20	0.23
	耐水		≥0.20	0.22
	耐冻融		≥0.20	0.20
聚氨酯与保温砂浆的黏结强度		MPa	≥0.20	0.20

② 一体化免拆保温模板当作保温系统时的性能指标见表 3-15。

表 3-15　一体化免拆保温模板当作保温系统的性能指标

实验项目	单位	标准要求	检测结果
耐候性	—	不得出现饰面层起泡或剥落、保护层空鼓或脱落等破坏	表面无裂纹、粉化、剥落现象
吸水量（水中浸泡 1h）	g/m^2	<1000.00	580.00
抗冲击强度	J	≥10.00	10.0J 冲击 10 点,无破坏
耐冻融（D25）	—	表面无裂缝、空鼓、起泡、剥离现象	冻融 30 个循环,表面无裂纹、空鼓、气泡、剥离现象
热阻	$m^2 \cdot K/W$	复合墙体热阻符合设计要求	1.69
抹面层不透水性（涂料饰面）	—	2h 不透水	试样防护层内侧无水渗透

3.5　一体化免拆保温模板的性能分析

3.5.1　热工计算及分析

3.5.1.1　保温材料的性能要求

自从建筑节能工作开始以来，国家要求所有的建筑都是节能建筑，都要选用性能优良的保温材料，具体性能要求如下。

（1）要在合适的温度范围内使用　在设计的使用工况条件下要使保温隔热材料能够最大地发挥其保温隔热的性能，而且在这个温度范围内保温隔热材料不会发生较大的变形，还要能与建筑同寿命。

（2）稳定的保温性能　即同时具有较小的热导率和较大的蓄热能力。在保温效果相同的情况下，材料拥有小的热导率其保温层厚度就相应的更小，消费者购房时其使用面积相对大一点。一般的保温隔热材料的热导率以小于或等于 0.3 为最好。

（3）保温材料要具有良好的化学稳定性能　保温隔热材料应该与周围的材料具有相容性，以免影响其保温隔热性能。

（4）保温材料的机械强度要与它的使用环境相匹配　保温隔热材料与墙体复合为一体后，要能够抵抗外界的不可预料的作用力，因此要求保温隔热材料的机械强度要高一点，使外界力的破坏作用得到消除。

（5）寿命　保温材料的寿命要与建筑物寿命相一致，才能避免二次维修或重新做保温的费用。

（6）材料　保温材料要选择阻燃型或无机不燃型、且无毒、对人体无害的材料。

（7）吸水率　保温材料的吸水率要尽可能的小。

（8）施工　保温材料不能给施工带来困难，要简单易操作，工程质量容易保证。

（9）优选轻质材料　保温材料应选用优超轻质（密度不大于 $50kg/m^3$）的材料或选轻质的材料。

3.5.1.2　XPS 板与 PUF 板、EPS 板的对比

为了选择适合一体化免拆保温模板的保温材料，先对 XPS、PU、EPS 三种常用保温材

料的基本物理性质和整体保温性能进行比较，见表 3-16、表 3-17。

表 3-16　PU、XPS、EPS 材料物理性质比较

项目	单位	PUF		XPS	EPS
		喷涂	板材		
热导率	W/(m·K)	≤0.025	≤0.022	≤0.029	≤0.042
抗压强度	kPa	≥150	≥150	≥200	≥69
吸水率	%	<1.5	<3	<1.0	<2
耐温程度	℃	120	120	75	70
阻燃程度	—	离火自熄	离火自熄	离火自熄	离火自熄
燃烧级别	—	B2	B2	B2	B1
密度	kg/m³	30~50	30~40	40	18~20
尺寸稳定性	%	≤1	≤1	≤1.5	≤2.5

表 3-17　PU、XPS、EPS 整体保温性能比较

项目	PU		XPS	EPS
	喷涂	板材		
黏结强度	>0.15	>0.15	>0.25	>0.1
粘接形式	满粘	点粘	点粘	点粘
黏结面积/%	100	>40	>40	>40
初始强度	优	差	差	差
锚钉辅助		需要	需要	需要
外护层受力	小	较小	较小	大

从材料基本物理性质来比较看来，PU 在热导率、抗压强度、耐温方面有优势。XPS 在抗压强度、耐湿方面有优势，EPS 各方面均无优势。

从黏结强度来比较，XPS 最好，PU 次之，EPS 黏结强度最差。

综上所述，由于 XPS 板具有致密的表层及闭孔结构，热导率低，具有较好的保温隔热性能，而且具有良好的抗湿性。与 PU、EPS 相比，XPS 板综合性质更适合一体化免拆保温模板的要求。

3.5.1.3　热工计算及分析

（1）热阻　热阻是反映阻止热量传递能力的综合参量，是材料厚度与热导率的比值。

多层围护结构热阻计算公式：

$$\sum R = R_1 + R_2 + \cdots + R_n = \frac{\delta_1}{\lambda_1} + \frac{\delta_2}{\lambda_2} + \cdots + \frac{\delta_n}{\lambda_n} \tag{3-8}$$

式中　δ——材料的厚度，m；

λ——热导率，W/m·K。

（2）传热阻　传热阻是围护结构（包括两侧空气边界层）阻抗传热能力的物理量，围护结构传热阻（R_0）计算公式：

$$R_0 = R_i + \sum R + R_e \tag{3-9}$$

内外表面换热阻是表示围护结构两侧表面空气边界层阻抗传热能力的物理量。R_i 为内

表面换热阻；R_e 为外表面换热阻；一般情况下 $R_i=0.11\text{m}^2\cdot\text{K/W}$，冬季 $R_i=0.04\text{m}^2\cdot\text{K/W}$ 或夏季 $0.05\text{m}^2\cdot\text{K/W}$。

（3）传热系数　传热系数指在稳态条件下，围护结构两侧空气温度差为 1℃，1h 内通过 1m^2 面积传递的热量，是由于温度的差异而使热流从建筑构件的热边向冷边迁移的一个度量值。单位为 $\text{W/m}^2\cdot\text{K}$。传热系数 K 值越小，表示热损失越小。

$$K=1/R_0$$

式中　R_0——围护结构传热阻，$\text{m}^2\cdot\text{K/W}$。

（4）热工计算及分析　一体化免拆保温模板进行节能设计时，对照山东省地方标准《山东省居住建筑节能设计标准》的相关要求，按照北京市地方标准《北京市居住建筑节能标准》中的节能 75% 的目标进行设计。

下面以一体化免拆保温模板标准板为例，进行热工节能计算分析。

将墙体视为两层平行墙体，剪力墙厚度 120mm。加强层、保温过渡层很薄，计算中不考虑它们对保温的有利影响。一体化免拆保温模板内的保温层由挤塑聚苯板（XPS，下称 XPS），聚氨酯硬泡（PU，下称 PU）、保温砂浆填充而成；XPS 与 PU 有很好的材料匹配性，能够满足保温性能、材料之间的黏结能力和防火阻燃的能力；当一体化免拆保温模板的密度在 $35\sim45\text{kg/m}^3$ 时，且 XPS 热导率为 $0.026\sim0.032\text{W/（m}\cdot\text{K）}$，PU 热导率为 $0.021\sim0.026\text{W/（m}\cdot\text{K）}$，塑料套管、保温过渡层的热导率忽略不计，为了方便热工计算统一取值为 $0.03\text{W/（m}\cdot\text{K）}$。钢筋混凝土热导率 $\lambda_c=1.74\text{W/m}\cdot\text{K}$。

保温层厚度为 40mm 时：

模板的传热系数　$K=\dfrac{1}{0.11+\dfrac{0.12}{1.74}+\dfrac{0.04}{0.03}+0.04}=0.644\text{W/（m}^2\cdot\text{K）}$

保温层厚度为 50mm 时：

模板的传热系数　$K=\dfrac{1}{0.11+\dfrac{0.12}{1.74}+\dfrac{0.05}{0.03}+0.04}=0.53\text{W/（m}^2\cdot\text{K）}$

保温板厚度为 60mm 时：

模板的传热系数　$K=\dfrac{1}{0.11+\dfrac{0.12}{1.74}+\dfrac{0.06}{0.03}+0.04}=0.45\text{W/（m}^2\cdot\text{K）}$

保温层厚度为 70mm 时：

模板的传热系数　$K=\dfrac{1}{0.11+\dfrac{0.12}{1.74}+\dfrac{0.07}{0.03}+0.04}=0.39\text{W/（m}^2\cdot\text{K）}$

保温层厚度为 80mm 时：

模板的传热系数　$K=\dfrac{1}{0.11+\dfrac{0.12}{1.74}+\dfrac{0.08}{0.03}+0.04}=0.347\text{W/（m}^2\cdot\text{K）}$

根据山东省地方标准《山东省居住建筑节能设计标准》（DBJ14-037—2012）中 4.2.1 的规定，建筑层数≥9 时，外墙传热系数≤0.70W/（m²·K）即达到节能 65% 的目标。而一体化免拆保温模板的保温层厚度为 40mm 时传热系数小于 0.70W/（m²·K）的限值，预估一定厚度一体化免拆保温模板用在大于 9 层的居住建筑时节能至少达到 75％以上。

根据北京市地方标准《北京市居住建筑节能设计标准》DB11-891-2012 中 3.2.2 的规定，建筑层数≤3 时，外墙传热系数≤0.35W/（m²·K）；4～8 层建筑，外墙传热系数≤0.40W/（m²·K），建筑层数≥9 时，外墙传热系数≤0.045W/（m²·K）。根据此规定可选用相应厚度的 XPS 板以达到相应的节能目标。

3.5.2　连接件对热工性能的影响

3.5.2.1　连接件简介

一体化免拆保温模板通过带羊角螺母的连接件与混凝土浇筑在一起，确保模板在拆掉主次楞后能与主体结构共同完成相应的功能。带羊角的连接件包括：塑料盘（直径为 $\phi50mm$），金属螺杆、螺母等，连接件的抗老化性能好，抗震动性强、抗断裂性好，耐久性好，其示意图见图 3-35。

3.5.2.2　连接件的作用

在一体化免拆保温模板体系中，风荷载产生负压的破坏作用不容忽视，因此有必要采用连接加固来确保系统在不可预见情况下的安全性。要求制作连接件的材料为不锈钢或者表面经过防腐处理的金属；塑料套管和圆压盘应采用尼龙等材料制成；连接套件必须是经权威机构检验合格，并出具有检验报告方可采用。

一体化免拆保温模板体系中的连接件存在"冷桥"效应。实际应用中，由于不锈钢材质的连接件顶部大多数没有做防"冷桥"处理，容易导致"冷桥"部位水蒸气冷凝而使连接件锈蚀，在模板表面常可见连接件部位发黑、局部剥落直至影响整个模板体系的质量。另外，连接对一体化免拆保温模板体系的紧固性和安全性也存在负面影响。首先，连接件对一体化免拆保温模板面层的抗开裂性有负

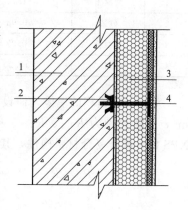

图 3-35　连接件示意图
1—墙体；2—羊角螺母；3—一体化免拆保温模板；4—连接件

面作用。在热应力作用下，一体化免拆保温模板的各面层由于线胀系数不同导致热胀冷缩程度各不相同，面层的较大变形在受到相对较硬的圆盘的限制，圆盘周边较易开裂。其次，一体化免拆保温模板受到负风压作用时，连接件这个刚性支点限制了一体化免拆保温模板两个连接件之间的模板出现的弯曲变形，应力集中无法释放，使其弯曲变形在模板的中部有增大的趋势，易造成外饰层的脱落。

3.5.2.3　连接件的排列密度及直径对热工性能的影响

（1）基本假定　为了评价连接件对系统传热的影响，应进行热工节能计算。首先计算没有安装连接的系统的传热系数，然后在同一个系统中安装相应数量和直径的连接件，再计算其传热系数，上述传热系数的差值除以连接的个数，即得到单个连接件对系统传热贡献值的增加量。为了研究连接件排列密度及直径对系统传热贡献值的影响，在不影响需要的精确性的前提下，做了如下假设：

① 连接件分别与 XPS 板、水泥砂浆和混凝土接触，但与 XPS 板结合面较大，故只考虑锚栓在 XPS 板内的部分作为研究对象，忽略 XPS 板与混凝土接触的部分；

② 忽略整个系统的纵向的传热，只考虑系统横向的传热系数；

③ 连接件在墙体上为均匀分布，每平方米上连接件个数相等；

④ 连接件为各向同性材料，忽略塑料套管的影响，看成直径为 D 的简单圆柱体，并假定连接件与保温层接触紧密，没有空腔。

（2）传热数学模型　首先计算墙体各部分材料的热工参数，见表 3-18。

对于多层材料平行墙体，总热阻采用式（3-10）进行计算：

$$R_0 = R_i + \sum R + R_e \tag{3-10}$$

式中　R_0——围护结构总热阻；

R_i——内换热阻，取 $= 0.11$（$m^2 \cdot K$）/W；

R_e——外换热阻，取 0.04（$m^2 \cdot K$）/W。

表 3-18　系统各部分的热工参数

序号	类别	热导率/[W/(m·K)]	厚度/m	热阻/[(m²·K)/W]	传热系数/[W/(m²·K)]
1	混凝土	1.74	0.12	0.0690	14.500
2	砂浆	0.93	0.03	0.0323	31.000
3	保温板	0.03	0.05	1.6667	0.600
4	锚栓	16.20	0.05	0.0031	322.581

对于一定面积的墙体，假设每平方米分布锚栓的个数为 n，则锚栓的排列密度为 n 个/m^2，热阻分别为 $R_{4.1}$、$R_{4.2}$、…、$R_{4.n}$，对于单位面积的墙体，由于保温层包含锚栓和 XPS 板，属于复合材料构件，其热阻可视为并列关系：

$$R_0 = R_i + R_1 + R_2 + \cfrac{A}{\dfrac{A_3}{R_3} + \dfrac{a}{R_{4.1}} + \dfrac{a}{R_{4.2}} + \cdots + \dfrac{a}{R_{4.n}}} + R_e$$

锚栓截面面积 $a = \pi d^2 / 4$，则 XPS 保温板的面积 $A_3 = A - na$。

因此热阻的简化公式为：

$$R_0 = R_i + R_1 + R_2 + \cfrac{A}{\dfrac{A_3}{R_3} + n\dfrac{a}{R_4}} + R_e$$

则传热系数

$$K = \cfrac{1}{R_i + R_1 + R_2 + \cfrac{A}{\dfrac{A_3}{R_3} + n\dfrac{a}{R_4}} + R_e}$$

（3）计算结果及分析　利用以上所导出的公式，先分析连接件排列密度的对传热系数的影响，所得出的计算结果见表 3-19。

表 3-19　传热系数计算表

连接件排列密度/(个/m²)	系统传热系数(有连接件)/[W/(m²·K)]	系统传热系数(无连接)/[W/(m²·K)]	单个连接件对系统传热贡献值/[W/(m²·K)]	是否满足标准
2	0.5363	0.5303	0.00302	是
3	0.5393	0.5303	0.00301	是
4	0.5423	0.5303	0.00301	是
5	0.5453	0.5303	0.00301	是
6	0.5483	0.5303	0.00301	是

续表

连接件排列密度/(个/m²)	系统传热系数(有连接件)/[W/(m²·K)]	系统传热系数(无连接)/[W/(m²·K)]	单个连接件对系统传热贡献值/[W/(m²·K)]	是否满足标准
7	0.5513	0.5303	0.00300	是
8	0.5543	0.5303	0.00300	是
9	0.5573	0.5303	0.00300	是
10	0.5603	0.5303	0.00300	是
11	0.5632	0.5303	0.00299	是
12	0.5662	0.5303	0.00299	是
13	0.5692	0.5303	0.00299	是
14	0.5721	0.5303	0.00299	是
15	0.5751	0.5303	0.00299	是
20	0.5898	0.5303	0.00297	是
30	0.6189	0.5303	0.00295	是
40	0.6475	0.5303	0.00293	是
50	0.6758	0.5303	0.00291	是
60	0.7036	0.5303	0.00289	是

在不改变连接件的直径的情况下，连接件排列密度对传热系数的影响如图 3-36，排列密度与单个连接件贡献值的关系如图 3-37。

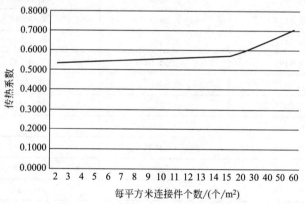

图 3-36　传热系数与连接件排列密度关系

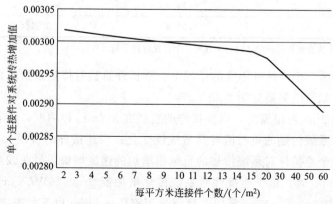

图 3-37　单个连接件对系统传热增加值与连接件排列密度的关系

由图 3-37 可见，随着连接件排列密度的增加，单个连接件对系统传热的贡献值是减小的趋势，可以得出，当连接件的密度为 2 个/m² 时，单个连接件对系统的传热贡献值为最大为 0.00302W/（m²·K），满足国家规范标准的要求。所以，钢钉形式的连接件是可以采用的。实际中所用的连接件的数量范围内，单个连接件对系统传热的贡献值基本稳定。随着连接件密度的增大，传热系数增加，基本上呈现线性关系。

如果改变连接件的直径，由推导出的公式得出的传热系数如表 3-20。

表 3-20   传热系数计算表

连接件直径 /mm	系统传热系数(有连接件) /[W/(m²·K)]	系统传热系数(无连接件) /[W/(m²·K)]	单个连接件对系统传热贡献值 /[W/(m²·K)]	是否满足标准
2.0	0.5343	0.5303	0.00079	是
2.2	0.5351	0.5303	0.00096	是
2.4	0.5360	0.5303	0.00114	是
2.6	0.5370	0.5303	0.00133	是
2.8	0.5380	0.5303	0.00155	是
3.0	0.5392	0.5303	0.00178	是
3.2	0.5404	0.5303	0.00202	是
3.4	0.5417	0.5303	0.00228	是
3.6	0.5431	0.5303	0.00255	是
3.8	0.5445	0.5303	0.00284	是
4.0	0.5477	0.5303	0.00347	是
4.2	0.5477	0.5303	0.00347	是
4.4	0.5493	0.5303	0.00381	是
4.5	0.5502	0.5303	0.00398	是
4.6	0.5511	0.5303	0.00416	否
4.8	0.5529	0.5303	0.00453	否
5.0	0.5549	0.5303	0.00491	否
5.2	0.5568	0.5303	0.00531	否
5.4	0.5589	0.5303	0.00572	否
5.6	0.5610	0.5303	0.00615	否
5.8	0.5633	0.5303	0.00659	否
6.0	0.5656	0.5303	0.00588	否

注：计算连接件对传热贡献值得影响，以每平方米 5 个连接件的数量计算。

在保持每平方米 5 个连接件不变的情况下，连接件直径对传热系数的影响见图 3-38，直径与单个连接件贡献值的关系见图 3-39。

从图 3-38、图 3-39 可以看出，当连接件的直径在 3.4mm 以内时，随着连接件直径的增加，单个连接件对系统传热的贡献值与其呈线性变化；当连接件的直径大于 3.4mm 时，随着直径的增加，单个连接件对系统传热的贡献值增加的速度加快，呈曲线上升的关系。当锚栓直径增加到 4.6mm 时，单个连接件对系统传热增加值 0.00416W/（m²·K），小于国家标准规定值 0.004W/（m²·K）。所以，建议采用直径 4.6mm 以下的连接件。

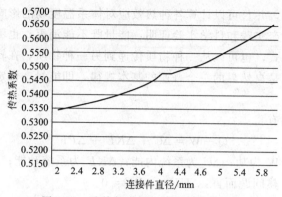

图 3-38　连接件直径与传热系数的关系

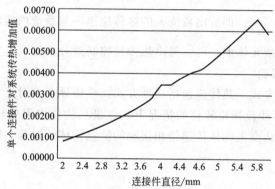

图 3-39　单个连接件对系统传热系数增加值与连接件直径的关系

3.5.3　温度场的有限元分析

3.5.3.1　热分析介绍

热分析协会对热分析作的定义是：热分析是在程序控制温度下测量物质的物理性质与温度关系的一类技术。而程序控制温度指按某种规律升温或降温，通常是线性升温和线性降温。

各个领域都广泛应用热分析，在实际的生产过程中，各式各样的热量传递问题都会出现。建筑领域，建筑构件温度场常常需要计算，在不同材料、不同环境、不同的外部尺寸下，研究温度场变化对结构的疲劳、强度等的影响。由此可知，热力学分析在社会生产及科学分析中意义巨大。

热力学有限元分析的平衡方程是建立在能量守恒原理的基础上，用有限单元法算出各个节点的温度参数，再导出所需要的其他的物理参数。其分析原理是先把分析对象划分为有限个单元，然后求解一定边界条件及初始条件下节点的平衡方程，再以此算成各节点温度，进一步求解所有相关量。

由热力学第二定律可知，在物体内部或物体之间，只要存在温度差，就会自动发生从高温向低温处的热量传递。这种靠温度差为推动力的热量传递现象，是自然界中普遍存在的一种能量传递现象，这种能量传递简称为传热。

体系的温度场由体系与外界以及体系内部热量的传递所决定，并且与材料固化和溶解过程的相变、焦耳热、摩擦生热等热效应相关，ANSYS 软件具备处理热传导、热对流和热辐射等热传递方式的能力，并且可以计算各种热效应对体系温度场的影响。

人们经过长期的生产实践和科学实验证明：能量既不能消灭，也不能创造，但可以从一种形式转化为另一种形式，也可以从一种物质传递到另一种物质，在转化和传递的过程中能量的总和保持不变。这是自然界的一个普遍的基本规律，即能量守恒定律。在热力学中称为热力学第一定律。

对封闭的系统，则有：

$$Q - W = \Delta U + \Delta KE + \Delta PE \tag{3-11}$$

式中，Q 为热量；W 为功；ΔU 为系统内能；ΔKE 为系统动能；ΔPE 为系统势能。

对大多数工程的传热问题而言：$\Delta KE = \Delta PE = 0$。

在考虑没有做功时：$W = 0$，则 $Q = \Delta U$。

稳态热分析时：$Q = \Delta U = 0$，即流向系统的热量与流出的热量相等。

瞬态热分析时：$q = \dfrac{\mathrm{d}U}{\mathrm{d}t}$，即流出或流入的热传递速率与系统内能的变化相等。

将上述理论应用到微元体上，可以得出热传导控制微分方程。

3.5.3.2 热分析基本理论

（1）热传递包括的方式　热传递包括三种方式：热传导、热对流、热辐射。

① 热传导是指在不涉及物质转移的情况下，热量从物体中温度较高的部位传递给相邻的温度较低的部位，或从高温物体传递给相接触的低温物体的过程，简称导热。热传递遵循傅里叶定律：

$$q = -k\frac{\mathrm{d}T}{\mathrm{d}x}$$

式中　q——热流密度；

k——热导率；

$\mathrm{d}T/\mathrm{d}x$——沿向的温度梯度，负号表示热量流向温度降低的方向。

② 热对流是指在不同温度的流体的各部分之间由于相对运动引起的热量交换。在工程上遇到的对流换热，主要是指流体与其接触的固体壁面之间的换热过程，它包括热传导和热对流两种方式。用牛顿冷却方程来表示热对流公式如下：

$$q = h_\mathrm{f}(T_\mathrm{s} - T_\mathrm{b})$$

式中，h_f 为对流热换系数；T_s 为固体表面的温度；T_b 为周围流体的温度。

③ 热辐射是指物体由于自身的温度而辐射出能量的现象。在工程中通常考虑两个或者两个以上物体之间的辐射，系统中每个物体辐射的同时并吸收热量。它们的净热量可以用斯蒂芬-玻尔兹曼方程来计算：

$$Q = \varepsilon\sigma A_1 F_{12}(T_1^4 - T_2^4) \tag{3-12}$$

式中　Q——热流率；

ε——辐射率；

σ——斯蒂芬-玻尔兹曼常数，约为 $5.67\times10^{-8}\mathrm{W/(m^2 \cdot K^4)}$；

A_1——辐射面1的面积；

F_{12}——由辐射面1到辐射面2的形状系数；

T_1——辐射面1的热力学温度；

T_2——辐射面2的热力学温度。

由式(3-12)可看出，热分析中的热辐射是非线性的。

（2）热分析控制方程

热传导的控制方程为：

$$\frac{\partial}{\partial x}(K_{xx}\frac{\partial T}{\partial x}) + \frac{\partial}{\partial y}(K_{yy}\frac{\partial T}{\partial y}) + \frac{\partial}{\partial z}(K_{zz}\frac{\partial T}{\partial z}) + q = \rho c\frac{dT}{dt}$$

其中：$\dfrac{dT}{dt} = \dfrac{\partial T}{\partial t} + V_x\dfrac{\partial T}{\partial x} + V_y\dfrac{\partial T}{\partial y} + V_z\dfrac{\partial T}{\partial z}$

式中　V_x、V_y、V_z——媒介传导速率。

（3）稳态与瞬态热分析　稳态热分析：用于确定稳态条件下的温度分布及其他热特性，稳态条件是指可以忽略热量随时间的变化。

瞬态热分析：计算随时间变化的条件下，温度的分布和热特性。

3.5.3.3　有限元模型的建立

（1）无连接件模型　取 120mm 厚混凝土墙面，300mm×300mm 的截面尺寸，XPS板的厚度选用 40mm，根据模型的对称性，取结构的 1/4 用直接法建模，结果如图 3-40。

（2）有连接件模型　连接件起辅助固定保温板，防止保温板产生位移的作用。由于连接件在混凝土墙中对温度场分析影响不大，将其简化为圆柱体。建立有连接件的一体化免拆保温模板的 1/4 模型如图 3-41。

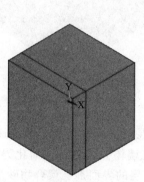

图 3-40　无连接件 1/4 模型

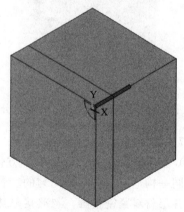

图 3-41　有连接件 1/4 模型

3.5.3.4　单元类型

在利用有限元法求解复杂结构的各种问题时，单元的选择至关重要，热分析涉及的单元有大约 40 种，其中纯粹用于热分析的有 14 种单元。其中包括二维平面单元、三维立体单元、辐射单元、对流单元以及耦合单元。

本章选用 SOLID 70 单元。SOLID 70 是一个三维热实体单位，具有 8 个节点，每一个节点只有温度一个自由度，是有导热能力的单元。该单元可用于三维的稳态或瞬态热分析问题。

3.5.3.5　材料属性

当需要进行稳态热分析时，所需要的材料属性只包括材料的热传导系数；而进行瞬态热分析时，则还需要材料的密度以及比热容；结构分析则需要定义材料的弹性模量、泊松比和线膨胀系数。本章涉及的五种材料的材料属性如表 3-21。

表 3-21　材料属性表

材料	热导率/[W/(m·K)]	材料	热导率/[W/(m·K)]
混凝土	1.74	塑料套管	0.24
保温板	0.03	不锈钢	16.2
锚栓	16.2		

3.5.3.6　网格划分

ANSYS 有自由网格划分和映射网格划分两种网格划分。边界形状不规则的区域采用自由网格划分，它所划分的网格是不规则的，缺点是分析精度不高；映射网格划分是将规则的形状映射到不规则的区域上面，它所生成的网格相互之间是呈规则的排列的，分析的精度高。但划分区域不满足一定的拓扑条件，就不能采用映射网格划分。由于连接件的形状不规则，不符合映射网格划分的条件，而且采用自由划分网格完全能够满足精度的需求，故本章所建模型均进行自由网格划分。无连接件模型共划分 1000 个单元，1452 个节点，有连接件模型共划分 8496 个单元，1859 个节点。划分网格后的有限元模型如图 3-42、图 3-43。

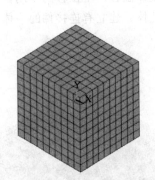

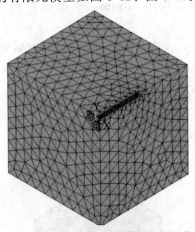

图 3-42　无连接件 1/4 模型网格划分　　　图 3-43　有连接件 1/4 模型网格划分

3.5.3.7　温度场的 ANSYS 分析计算

（1）基本假定　为了分析求解方便，对实际条件下混凝土墙和模板的热传递作如下简化：①同一构造层内材料是均匀的、各向同性的；②建筑墙体内的热传递简化为二维导热；③墙体各层材料紧密接触，忽略接触热阻，忽略保温板各层的界面剂、聚合物砂浆和外饰面层的热阻，假定 XPS 板与空气直接接触。④室外侧温度是随着时间变化的，但为了不影响分析的准确性，在上述假设的基础上再做如下假设：a. 在初始时刻，假设墙体内部温度均匀一致，假定一体化免拆保温模板与混凝土墙体初始状态受热均匀，温度为 10℃，该传热模型导热微分方程的初始条件为墙体的初始温度；b. 将混凝土墙体与模板置于最不利的环境中，即将系统置于室内外两侧温差最大的极端环境下研究，所受温度采用冬季采暖设计温度，济南地区室内取 15℃，室外取 −10℃。

（2）边界条件及施加荷载　ANSYS 提供了温度、热流率、对流、热流密度和生热率五种荷载，可以施加在实体模型或单元模型上。

温度作为第一类边界条件，施加在温度已知的边界上。

本章以南面墙体模拟，选用济南地区的气候参数。所受温度采用冬季采暖设计温度，空心砖内侧所受温度为 15℃，保温板外侧所受温度为 −10℃，荷载施加时间为 10h。

（3）无连接件温度场计算结果　利用 ANSYS 对没有连接件的模板进行了热分析，节点温度场云图、热流梯度云图和热流密度图分别见图 3-44、图 3-45、图 3-46。

（4）有连接件温度场计算结果　利用 ANSYS 对有连接件的模板进行了热分析，节点温度场云图、热流梯度云图和热流密度云图分别见图 3-47、图 3-48、图 3-49。

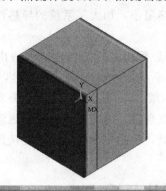

−10	−4.444	1.111	6.667	12.222
−7.222	−1.667	3.889	9.444	15

图 3-44　无连接件节点温度场分布云图

−.8	−.622222	−.444444	−.266667	−.088889
−.711111	−.533333	−.355556	−.177778	.154E−13

图 3-45　无连接件 Z 向热流梯度云图

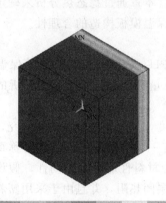

−.152E−12	1.884	3.769	5.653	7.538
.942222	2.827	4.711	6.596	8.48

图 3-46　无连接件 Z 向热率密度云图

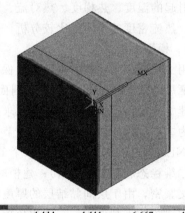

−10	−4.444	1.111	6.667	12.222
−7.222	−1.667	3.889	9.444	15

图 3-47　有连接件节点温度场分布云图

−6.667	−5.185	−3.704	−2.222	−.740741
−5.926	−4.444	−2.963	−1.481	0

图 3-48　有连接件 Z 向热流梯度云图

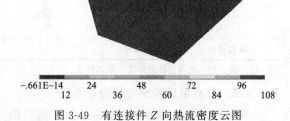

−.661E−14	24	48	72	96
12	36	60	84	108

图 3-49　有连接件 Z 向热流密度云图

（5）温度场计算结果对比分析　从一体化免拆保温模板的节点温度场云图 3-44 和图 3-47 可以看出：有连接件和无连接件的温度场云图都符合热量从高到低的传热规律，混凝土墙内侧温度最高，保温板外侧温度最低，这是由于保温板热阻大，阻止了热量向外传递；另外，无连接件的温度场分布规则，从内侧到外侧逐层渐变，有连接件的模板温度场不如无连接件的温度场规则，在连接件处有突变，由于连接件的热阻小，加大了系统的导热性能，导致连接件附近的温度稍低于同层无连接件系统的温度。

从系统的 Z 方向的热流梯度云图 3-45 和图 3-48 可以看出：热流梯度最大值出现在墙体层，而保温板的热流梯度最小，这是由材料的热导率决定的，保温材料的热导率小，因此热流梯度低，而连接件的存在连接件附近的热导率增大，相比无连接件有突变产生。

从系统的 Z 方向的热流密度云图 3-46 和图 3-49 可以看出：无连接件系统的热流密度逐层渐变，而有连接件系统热流密度最大值出现在连接件处，表明在温度低时，连接件附件会有"冷桥"现象的产生。

3.5.4　与传统外墙外保温系统的有限元对比分析

对一体化免拆保温模板和传统的 XPS、PU、EPS 薄抹灰外墙外保温系统的剖面部位（剖面形式见图 3-50、图 3-51）进行 ANSYS 稳态热分析，稳态热分析可以通过计算来确定热荷载引起的温度、热梯度、热对流、热流密度等参数。本章通过稳态热分析来确定初始温度分布，热流密度的走向来比较分析，判断一体化免拆保温模板构造的合理性。

3.5.4.1　模型的建立

采用 ANSYS12.0 对一体化免拆保温模板、XPS、PU、EPS 薄抹灰外墙外保温系统在夏季暴晒后的最不利温度 75℃时的剖面节点温度、热流量进行分析；热应力分析的基本步骤包括建立有限元模型、施加荷载、求解及后处理。

因为主要分析外保温系统剖面的节点温度，热流密度，只涉及一个方向的研究，所以选取 PLANE55（PLANE55 单元有 4 个节点，每个节点有一个自由度，可以非对称荷载，可以用作二维稳态和瞬态热分析）；建模时，遵循的原则为材料性能为各向同性，假设材料层之间连接紧密，由于层间黏结层的厚度较薄，所以忽略层间热阻，并且由于采用塑料套筒所以不考虑锚栓的不利作用；一体化免拆保温模板的开槽是对称的，所以仅取板高度的一半进行分析。模型建立时，材料的性能参数及厚度的取值如表 3-22。

表 3-22　材料的性能参数及厚度

材料	密度/(kg/m³)	热导率/[W/(m·K)]	热膨胀系数/℃	弹性模量/MPa	厚度/mm
聚合物砂浆	1600	0.93	$1.2×10^{-5}$	4900	35
钢筋混凝土	2500	1.30	$1.0×10^{-5}$	25500	100
EPS	22	0.04	$6.0×10^{-5}$	6	60
XPS	40	0.03	$5.0×10^{-5}$	9	60
PU	48.5	0.02	$4.2×10^{-5}$	7	60
保温过渡层	300	0.07	$3.5×10^{-5}$	3600	8

注：聚合物砂浆包括抹面砂浆和黏结砂浆。

3.5.4.2　节点温度和热流量分析

节点温度和热流量分析结果见图 3-52～图 3-59。

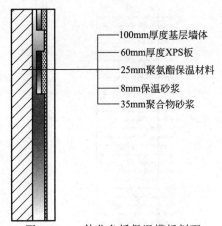

—100mm厚度基层墙体
—60mm厚度XPS板
—25mm聚氨酯保温材料
—8mm保温砂浆
—35mm聚合物砂浆

图 3-50　一体化免拆保温模板剖面

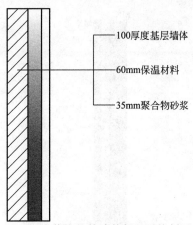

—100厚度基层墙体

—60mm保温材料

—35mm聚合物砂浆

图 3-51　传统的外墙外保温系统剖面

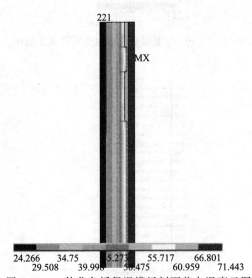

| 24.266 | 34.75 | 5.273 | 55.717 | 66.801 |
| 29.508 | 39.998 | 50.475 | 60.959 | 71.443 |

图 3-52　一体化免拆保温模板剖面节点温度云图

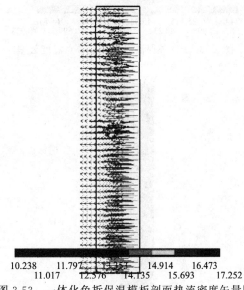

| 10.238 | 11.797 | 12.271 | 14.914 | 16.473 |
| 11.017 | 12.576 | 14.135 | 15.693 | 17.252 |

图 3-53　一体化免拆保温模板剖面热流密度矢量图

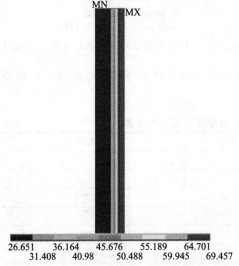

| 26.651 | 36.164 | 45.676 | 55.189 | 64.701 |
| 31.408 | 40.98 | 50.488 | 59.945 | 69.457 |

图 3-54　XPS外保温系统剖面节点温度云图

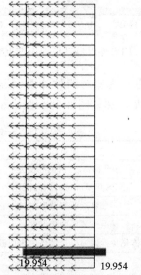

19.954　　　　19.954

图 3-55　XPS外保温系统剖面热流密度矢量图

85

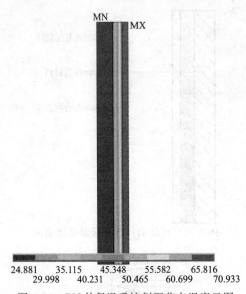

图 3-56　PU 外保温系统剖面节点温度云图

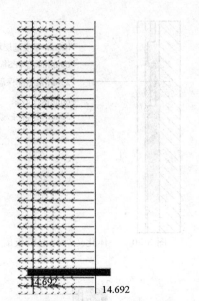

图 3-57　PU 外保温系统剖面热流密度矢量图

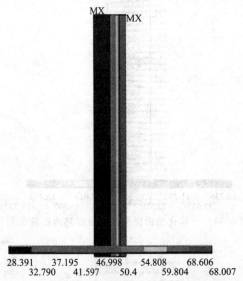

图 3-58　EPS 外保温系统剖面节点温度云图

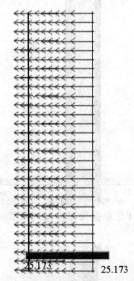

图 3-59　EPS 外保温系统剖面热流密度矢量图

　　为了更直观地对四种外墙保温系统的节点温度进行分析，将上述数据绘制图表，分别见表 3-23～表 3-26，图 3-60～图 3-62。

表 3-23　一体化免拆保温模板剖面温度分布和热流量

项目	单位	数值
未开槽 XPS 两侧温度差	℃	25.84
XPS 开槽部位两侧温度差	℃	10.48
聚氨酯两侧温度差	℃	15.67
保温过渡层两侧温度差	℃	5.00
一体化免拆保温模板墙体内表面温度	℃	24.26
热流量	W	−13.70(非均匀分布)
最大温度梯度	—	635.00

表 3-24　XPS 外保温系统剖面温度分布和热流量

项目	单位	数值
XPS 两侧温差	℃	33.59
墙内表面温度	℃	26.65
温度梯度最大值	—	665.15
热流量	W	−19.95(均匀分布)

表 3-25　PU 外保温系统剖面温度分布和热流量

项目	单位	数值
PU 两侧温差	℃	36.00
墙内表面温度	℃	24.88
温度梯度最大值	—	732.10
热流量	W	−14.64(均匀分布)

表 3-26　EPS 外保温系统剖面温度分布和热流量

项目	单位	数值
EPS 两侧温差	℃	31.20
墙内表面温度	℃	28.39
温度梯度最大值	—	599.00
热流量	W	−25.17(均匀分布)

保温材料两侧的温差如图 3-60、各外保温系统的热流量对比如图 3-61。

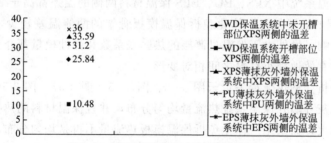

图 3-60　各系统中保温材料两侧的温差

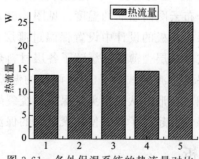

图 3-61　各外保温系统的热流量对比

注：一体化免拆保温模板中未开槽部位、开槽部位，XPS 薄抹灰外墙外保温系统，聚氨酯薄抹灰外墙外保温系统，EPS 薄抹灰外墙外保温系统在坐标轴上分别用 1、2、3、4、5 表示

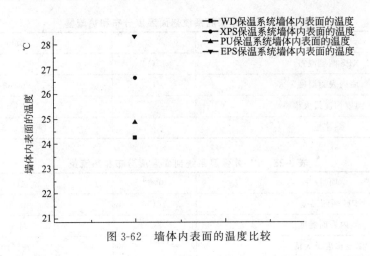

图 3-62　墙体内表面的温度比较

（1）节点温度分布分析

① 通过分析表 3-23～表 3-26 和图 3-52、图 3-54、图 3-56、图 3-58、图 3-60 表明在一体化免拆保温模板中，XPS 作为系统的骨架，其两侧的温差较其他三种薄抹灰外墙外保温系统中保温材料的温差小 30%（非开槽部位）、70%（开槽部位）左右；

② 对一体化免拆保温模板与其他三种薄抹灰系统的系统构造进行对比，表明一体化免拆保温模板构造的不同之处在于开设凹槽并填充聚氨酯和保温过渡层；

③ 对一体化免拆保温模板中开设凹槽部位和未开设凹槽部位，XPS、聚氨酯、保温过渡层的温度进行比较，发现 8mm 厚的保温过渡层两侧的温差为 5℃，25mm 聚氨酯两侧的温差为 15.67℃，XPS 开槽和非开槽部位两侧的温差分别为 10.48℃、25.84℃，而传统使用的薄抹灰外墙外保温系统中 XPS、PU、EPS 保温材料两侧的温差都高于 30℃；

④ 保温过渡层的设置使得一体化免拆保温模板骨架的两侧温差较少，也就减少了温度作用对其变形的影响，另外由于保温过渡层的热膨胀系数和弹性模量都介于有机材料与无机材料之间，也能够有效地减小材料之间相对变形。

（2）热流量分析　从热流量矢量云图 3-53、图 3-55、图 3-57、图 3-59、图 3-61 可以看出传统使用的薄抹灰外墙外保温系统热流量均匀分布，并且保温材料的热导率越小，其热流量越低，热梯度越大，而采用一体化免拆保温模板热流量不再是均匀分布，而是开槽位置两层的肋部，热流量比较大（为 17.2W），但是仍低于传统的三种薄抹灰外墙外保温系统，其他部位呈均匀分布（为 13.7W），也就是说一体化免拆保温模板具有更好的保温效果，这一点从各个保温系统温度节点分布云图内墙面的温度（见图 3-62）可以明显看出。

综上所述，一体化免拆保温模板的设计中设置保温过渡层和填充聚氨酯是完全合理的。一方面，增加保温过渡层，它像一层"薄膜"缓解了各层材料热导率、材料的热膨胀率、弹性模量的突变；另一方面，保温过渡层减少了 XPS 两侧的温差，从两个方面减小了材料之间由于温度作用产生过大的相对变形，从而避免了保温系统裂缝、开裂以及脱落等问题，并且一体化免拆保温模板的保温性能超过了单独使用聚氨酯的保温性能。

3.5.5　结构安全性分析

3.5.5.1　风荷载作用下的安全性分析

XPS 保温板与其凹槽中填充的聚氨酯机械搭接并在 XPS 与聚氨酯之间涂抹聚氨酯界面

剂，经试验测得二者之间拉伸黏结强度大于等于0.3MPa；聚氨酯与保温过渡层之间的黏结界面涂抹界面剂，使得拉伸黏结强度大于等于0.2MPa；按《建筑结构荷载规范》（GB 50009—2012）的规定进行计算，围护结构的风荷载标准值可按式（3-13）进行计算：

$$\omega_k = \beta_{gz} \mu_s \mu_z \omega_0 \tag{3-13}$$

式中　β_{gz}——阵风系数；

μ_s——建筑物的体型系数，在外墙外表面的墙角部位取−1.8；

μ_z——风压高度变化系数，B类地区，100m高度时，取2.0；

ω_0——基本风压。

计算按照无空腔时，取600mm×3000mm标准一体化免拆保温模板，板的面积$S=1.8m^2$，取系统中各层材料黏结强度值最小的为计算值即0.2MPa，则一体化免拆保温模板中聚氨酯与保温砂浆之间的黏结破坏值0.2MPa，为整个系统在风荷载作用下安全的指标。计算北京地区高度100m处，100年一遇风荷载作用下，建筑物最不利边角处风荷载的破坏强度值；$\omega_0 = 0.5kPa$；对于高层建筑、高耸结构以及风荷载比较敏感的其他结构，基本风压的取值应当适当加大，并应符合有关设计规范规定，本研究取放大系数1.5，按照《建筑结构荷载规范》（GB 50009—2012），风振系数取最不利值2.45，考虑裙楼效应等影响对建筑物体形系数μ_s进行放大2.0系数，即：

$$\omega_k = 2.4 \times 1.8 \times 2.0 \times 2.0 \times 1.5 \times 0.5 = 12.96kPa < 0.2MPa$$

通过计算说明，在高度为100m时，一体化免拆保温模板中各层材料之间的黏结能力能够满足风荷载最不利作用的安全性要求。

3.5.5.2　地震作用下的安全性分析

《建筑结构抗震设计规范》规定对钢筋混凝土结构层间弹塑性角位移的限值一般大于一体化免拆保温模板的极限剪切应变值，因此，只要结构自身的变形能够满足抗震规范要求，那么一体化免拆保温模板的抗震变形能力也就能满足要求。

3.5.5.3　火灾作用下的安全性分析

聚氨酯保温材料遇火后不会熔化收缩，燃烧后形成碳骨架。在一体化免拆保温模板内无空腔，所以聚氨酯燃烧后不会融化，可以阻碍火势的扩散，在XPS板材的凹槽处填充聚氨酯和使用聚氨酯工字型构件能够对一体化免拆保温模板起到很好的防火作用。

3.6　一体化免拆保温模板的标准化生产

一体化免拆保温模板是在工厂中进行预制生产，因此产品的质量稳定、操作简单、成型周期短，并且能够有效地避免施工过程中的不稳定因素，保证一体化免拆保温模板的工程质量。

3.6.1　生产设备

一体化免拆保温模板成型设备由以下设备组成：自动化程度高并且计量准确的电子计量装置、自动配料干粉砂浆搅拌机、自动配料浆料搅拌机、XPS板开槽打孔机、聚氨酯喷涂设备、抹平装置、工作抬架、传送设备以及切割整形机等组成。

3.6.2 生产工艺流程及主要操作要点

一体化免拆保温模板作为结构主体墙、柱子的外模板，其标准化的生产流程图如图3-63所示。

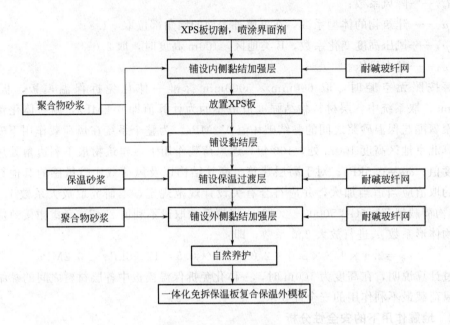

图 3-63 一体化免拆保温模板标准化的生产流程图

注意以下问题。

① 一体化免拆保温模板生产工艺中干粉聚合物砂浆和保温过渡层所需要的干粉保温砂浆的制备：胶凝材料、砂子、掺合料、外加剂等材料按比例称取、搅拌、储存。使用时与一定比例的水，按照规范规定搅拌。

② XPS板的预制生产过程中，XPS板按照系统的构造设计开凹槽、打孔洞，然后，在凹槽孔洞中喷涂聚氨酯、晾干后，喷涂界面剂、晾干待用。

③ 一体化免拆保温模板成型后，自然养护时，注意养护的湿度和温度的控制。

生产工艺要点。

① XPS板的制作。按照设计需求，对XPS板进行尺寸的选择并修正尺寸使得保温板的尺寸误差在允许的范围内，然后在XPS板的四周及中心位置开凹槽、打孔，并在凹槽处喷涂一定厚度的聚氨酯，晾干。

② 喷涂界面剂。为了使得保温砂浆与保温材料具有更好的黏结强度，所以喷涂界面剂。

③ 铺设内、外侧黏结加强层。将聚合物黏结砂浆与水按规定比例搅拌均匀后，将浆料均匀铺设在生产流水线传送工作平台上的制作模板中，同时铺设一道耐碱玻璃纤维网格布，辊压入黏结加强层内，使面层平整并形成网格状表面。

④ 铺设黏结层。在保温板上铺设黏结砂浆，通过辊压工艺在保温板外侧形成黏结层。

⑤ 保温过渡层。在一体化免拆保温模板中的黏结加强层外铺设弹性模量、热导率适中的材料，并在此层中辊压入耐碱纤维网格布。

⑥养护。将成型一体化免拆保温模板，用模架送至养护室，养护 3～5d（养护条件要求），然后自然养护 28d 出厂。

3.7　一体化免拆保温模板的施工工艺及工程验收

3.7.1　施工工艺

3.7.1.1　施工准备

（1）组织施工人员进行培训和技术交底，由专业人员编制现浇一体化免拆保温模板的施工方案。

（2）由专业技术人员专门负责配制砂浆类材料，使用时严格按照生产厂家和相关标准规定进行。

（3）一体化免拆保温模板等应分类存放码垛，不宜露天存放。如果必须露天存放，应该设置防晒、防雨、防灰尘等措施。

（4）堆放时，在干燥平整的场地上，高度不应超过 20 层。

（5）在环境温度低于 5℃、雨天或者风力大于 5 级的情况下，应停止施工并做好相应的措施。

3.7.1.2　施工要点

一体化免拆保温模板体系的施工工艺流程见图 3-64。施工控制要点如下。

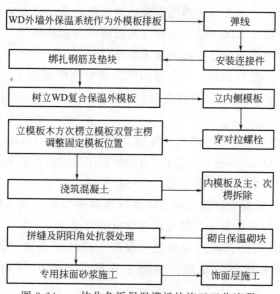

图 3-64　一体化免拆保温模板的施工工艺流程

（1）确定板的布置方案　据承重墙体的尺寸确定板的布局并绘制安装板分布图，绘制原则是尽量使用常用规格的一体化免拆保温模板。

（2）弹线　一体化免拆保温模板安装前，应根据设计图纸，设置安装控制线，弹出每块板的安装控制线。

（3）一体化免拆保温模板拆制　外墙外保温系统在某些安装部位无法采用主规格板，所以应该事先在施工场地将一体化免拆保温模板切割成符合要求的尺寸，非主规格板最小宽度不宜小于150mm。

（4）安装连接件　在一体化免拆保温模板上，用手枪钻在预定位置穿孔，安装连接件，每平方米不应小于5个，安装孔距沿着半边的距离不小于50mm；特殊部位，如门窗洞口处可增设附加网格布（见图3-65）。

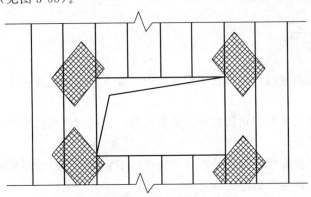

图3-65　窗洞口处增设附加网格布

（5）绑扎固定及垫块的安装　外柱、墙、梁钢筋绑扎合格验收后，用钢筋穿过预留的一体化免拆保温模板塑料套筒使其与墙、柱的钢筋绑扎牢固，外侧盖上塑料套筒的螺盖，防止钢筋的热导率过大，影响保温效果。

（6）立一体化免拆保温模板　根据设计排版布局图安装一体化免拆保温模板，并用钢丝将连接件与钢筋绑扎定位，安装顺序为先安装外墙的阴阳角，后安装主墙板。

（7）立内模板　根据《混凝土结构工程施工管理质量验收规范》和《建筑施工模板安全技术规范》的要求，采用传统做法安装外墙木胶合模板。

（8）安装对拉螺栓　据每侧墙、柱、梁高度，按常规模板施工方法确定对拉螺栓间距，用手枪钻在一体化免拆保温模板和内侧模板相应位置开孔，穿入对拉螺栓并初步判断调整螺栓。

（9）安装模板主次楞　安装外墙内、外侧竖向（40mm×70mm或50mm×80mm）次楞，横向安装水平向2根φ48mm×3.5mm的钢架管作为主次楞，起固定内外模板作用，具体作为调整主次楞和模板的位置和垂直度，使之达到施工要求。

（10）混凝土浇筑　混凝土浇筑应用Ⅱ形镀锌薄钢板扣在一体化免拆保温模板上形成保护帽，混凝土的坍落度应符合泵送混凝土对流动度的要求。

（11）内模板及主次楞的拆除　应按照《混凝土结构工程施工管理质量验收规范》和《建筑施工模板安全技术规范》对内模板和主次楞的拆除时间的要求进行拆除、不得早拆。

（12）砌筑自保温砌块　自保温砌块外侧应同一体化免拆保温模板外侧在同一垂直立面上，且自保温砌块的施工应符合国家和地方的有关规定。

（13）拼缝及阴阳角处的抗裂处理　一体化免拆保温模板的板缝拼接处、与自保温砌块的交接处需用聚合物砂浆模压补缝找平，并铺设20mm宽的耐碱玻璃网格布。

3.7.2　工程验收

采用一体化免拆保温模板体系的工程应该与主体结构一同验收，并对施工前、中、后期一体化免拆保温模板体系的质量进行验收、隐蔽工程验收和检验批次验收。

（1）应对一体化免拆保温模板体系的下列部位和内容进行工程验收，并有详细的文字记录和必要的图像资料：

① 对一体化免拆保温模板所需连接件的数量和锚固位置进行记录；

② 应该对一体化免拆保温模板之间的拼缝、阴阳角、门窗洞口及不同材料交接处等薄弱部位的加强措施进行记录和图像整理；

③ 应该对"冷桥"部位的处理方式进行记录。

（2）记录一体化免拆保温模板的保温层厚度。

（3）一体化免拆保温模板进入施工现场时，应该复检 XPS 板的密度、热导率、压缩强度及一体化免拆保温模板抗冲击、抗折载荷等性能，复检应为见证取样送检。

（4）一体化免拆保温模板的安装位置正确、接缝严密，板在浇筑混凝土过程中不得移位、变形。

（5）一体化免拆保温模板、自保温砌块专用抹面砂浆等配套材料的品种、规格和性能应符合设计要求和相关标准的规定。

（6）若采用保温浆料做保温层处理"冷桥"部位时，应在施工中制作同条件养护试件，检测其热导率、干密度和压缩强度，并取样送检。

（7）对一体化免拆保温模板体系竣工验收应提供以下的文件和资料：

① 设计文件、图纸会审记录、设计变更和洽商记录；

② 有效期内一体化免拆保温模板的型式检验报告和一体化技术认定证书复印件；

③ 一体化免拆保温模板体系所需要组成材料的产品合格证、出厂检验报告、进场复验报告和进场核查记录；

④ 施工技术方案、施工技术交底；

⑤ 隐蔽工程图像资料；

⑥ 工程验收记录和相关图像资料；

⑦ 其他对工程质量有影响的重要技术资料。

参 考 文 献

[1] 史立山. 中国能源现状分析和可再生能源发展规划. 可再生能源，2004，5：1-4.

[2] 倪维斗. 我国的能源现状与战略对策. 北京：新华文摘，2007，7：141.

[3] 建设部科技发展促进中心等. 外墙保温应用技术. 北京：中国建筑工业出版社，2005.

[4] 朱国启. 浅谈外墙保温节能优势与不足. 四川建材，2009，35（3）：14-14.

[5] Pan D，Chan M，Deng S，et al. The effects of external wall insulation thickness on annual cooling and heating energy uses under different climates. Applied Energy，2012，97：313-318.

[6] Jing Z B C X W. The Development Trend of Exterior Wall Thermal Insulation Material and Thermal Insulation Form in Hot Summer and Cold Winter Zone. Huazhong Architecture，2013，2：015.

[7] 苏迎社，陈林. 新型墙体材料与节能建筑的保温技术初探. 煤炭技术，2011，30（7）：244-246.

[8] 赵月影. 建筑保温技术与新型建筑墙体材料及节能探析. 科技与企业，2013，2：227.

[9] 龙惟定，白玮，梁浩，等. 建筑节能与低碳建筑. 建筑经济，2010，2：38-40.

[10] 国务院关于加快培育和发展战略性新兴产业的决定. 中国科技产业，2010，10：14-19.

[11] 刘德强.建筑节能措施与经济效益.合作经济与科技,2010,8:30-31.

[12] 郝斌,喻伟,李现辉.酒店建筑用能特性及节能措施分析.重庆大学学报:2011,34(3):99-104.

[13] 王红霞.德国的建筑节能措施及对我国的启示.科技情报开发与经济,2010,20(9):124-126.

[14] 朱弘年.论外墙保温技术在建筑节能中的应用研究.山西建筑,2010,36(10):229-230.

[15] 游艳敏.浅析建筑外墙保温技术.工程与建设,2010,24(5):653-654.

[16] Lin N,Liu F. Green Low Carbon Design in the Application of Energy-SavingBuilding. Advanced Materials Research,2012,512:2878-2881.

[17] Zhu P,Huckemann V,Fisch M N. The optimum thickness and energy saving potential of external wall insulation in different climate zones of China. Procedia Engineering,2011,21:608-616.

[18] 欧志华,马保国,塞守卫.建筑外墙外保温系统防火的原则与思路.消防科学与技术,2010,29(4):282-283.

[19] 杨杰.建筑外墙外保温技术体系发展分析.山东建筑大学学报,2010,25(1):70-73.

[20] Hickey B W,Patil C,Serino R. Exterior insulation and finish system and method and tool for installing same. U. S. Patent 8,051,611. 2011-11-8.

[21] Choi B H,Choi G S,Kang J S,et al. Evaluation on the Energy Performance of PAS Wall Applying Vacuum Insulation. Advanced Materials Research,2013,689:237-240.

[22] 鲁斌.浅谈民用建筑外墙保温系统和保温材料的选择探讨.建筑安全,2013,2:50-52.

[23] 张良杰.《建筑业10项新技术》(2010版)之模板及脚手架技术.施工技术,2011,40(3):23-25.

[24] 糜嘉平.我国木胶合板模板的发展及主要问题.施工技术,2010,3:26-28.

[25] Bachman C M,Stewart C. Self-Determination Theory and Web-Enhanced Course TemplateDevelopment. Teaching of Psychology,2011,38(3):180-188.

[26] Firminger S P,Garms J,Hyde R A,et al. Template development based on reported aspects of a plurality of source users. U. S. Patent 8,321,233. 2012-11-27.

[27] 王永好,李奇志.全铝合金模板在某超高层建筑施工中的应用.施工技术,2012,11:35-37.

[28] 张宝森.谈新型模板的开发和推广应用.科技创业家,2012,5:107.

[29] 陆建飞.法国新型模板技术的推广及应用.中国建筑金属结构,2011,10:52-56.

[30] 孙绪廷.外墙整体化模板连接件密度及直径对系统传热的影响.城市建设理论研究(电子版),2013,36. DOI:10.3969/j. issn.2095-2104.2013.36.893.

[31] GB/T 19631—2005 玻璃纤维增强水泥轻质多孔隔墙条板.

[32] GB 50189-2005 公共建筑节能设计标准.

[33] 许宏雷.国内模板体系发展趋势分析.施工技术,2003,32(2):4-5.

[34] 王绍民.我国现浇混凝土模板工程发展进程与展望.建筑技术,1995,22(1):5-9.

[35] 赵挺生,唐菁菁,周萌.模板工程结构的承载能力计算与变形验算.施工技术,2012,41(3):21-24.

[36] GB 50204—2002 混凝土结构工程施工质量验收规范.

[37] 陈志华,郭云,王小盾.保温螺栓的研究与应用.工业建筑,2004,34(4):84-85.

[38] 查珑珑.浅析保温材料现状及发展方向.建材技术与应用,2012,6:8-10.

[39] 宋杰光,刘勇华,陈林燕,等.国内外绝热保温材料的研究现状分析及发展趋势.材料导报,2010,24(21):378-380,394.

[40] 彭飞.浅谈建筑外墙保温材料防火性能设计.建材技术与应用,2011,4:29-30.

[41] Jelle B P. Traditional,state-of-the-art and future thermal building insulation materials and solutions - Properties,requirements andpossibilities. Energy and Buildings,2011,43(10):2549-2563.

[42] 卓萍,王国辉,杜霞,等.我国建筑外保温系统发展动态及趋势.消防科学与技术,2011,30(001):8-11.

[43] 朱春玲,季广其,鲍宇清,等.有机保温材料燃烧性能及施工过程防火安全研究.建设科技,2013,11:24-29.

[44] 楚军田,申喜喜.外墙保温材料燃烧性能标准研究.建筑安全,2012,1:54-57.

[45] 涂平涛.无机保温材料的技术分析.墙材革新与建筑节能,2012,7:44-49.

[46] 杨佳林,薛伟辰.预制夹芯保温墙体FRP连接件应用进展.低温建筑技术,2012,8:139-142.

[47] 冯东,朱莎,汪一骏.建筑围护结构风荷载的计算与取值.北京交通大学学报:2013,37(4):119-122.

[48] 冯慧慧.外墙外保温锚栓温度场和应力场的有限元分析.沈阳:沈阳工业大学,2010.

[49] 李建光，童丽萍．小框体复合保温墙体热工性能分析．郑州大学学报，2012，43（4）：116-120.

[50] 杨涌泉，寿青云，裴晓梅，等．建筑节能中热力学方法的分析应用．制冷与空调（四川），2014（1）：64-67. DOI：10.3969/j. issn. 1671-6612. 2014. 01. 016.

[51] 魏蔚，吴建琴，马晓栋．关于热力学第一定律的讲述．新疆师范大学学报：自然科学版，2011，30（4）：59-62.

[52] 郭宽良，传热学，孔祥谦，等．计算传热学．合肥：中国科学技术大学出版社，1988.

[53] 杨世铭．传热学基础．第 2 版．北京：高等教育出版社，1991.

[54] 孔祥谦等．有限元法在传热学中的应用．北京：科学出版社，1981.

[55] 王鑫，麦云飞．有限元分析中单元类型的选择．机械研究与应用，2009，6：43-46.

[56] 贾法勇，霍立兴，张玉凤，等．热点应力有限元分析的主要影响因素．焊接学报，2003，24（3）：27-30.

[57] 李黎明．ANSYS 有限元分析实用教程．北京：清华大学出版社，2005.

第4章 一体化装配式外墙保温装饰条板

4.1 一体化装配式外墙保温装饰条板概述

4.1.1 国外的发展与现状

在国外对建筑节能认识是很超前的，对夹芯复合保温墙板的使用有悠久的历史，如今夹芯复合保温墙板是西方发达国家已普遍应用的典型节能墙体，在国外应用广泛并具有完整的设计和构造规定。

在19世纪30年代，英国的工程师们就尝试着将岩棉等轻质材料夹于两片墙体之间，形成夹芯的复合墙体，并被证明具有良好的保温性能。到了19世纪50年代，金属连接件开始被应用于该夹芯复合墙体中，能有效地将复合墙体连接成整体，并通过试验证明了使用金属连接件后的夹芯复合墙体能够作为整体共同受力，但由于金属的热导率高，其保温性能有所降低。到19世纪后期，夹芯复合墙体首次在美国开始使用，但直到20世纪40年代，美国的学者们才通过大量试验研究分析，证明了这种墙体的保温性能良好，至此美国官方和相关组织也开始接受复合保温墙板的有效性，之后这种墙体得到广泛的工程应用，但大多都应用于低层建筑的外墙体。同时，北美、北欧等国家还开始将不同材料的墙体相结合，形成各种各样的夹芯复合墙体，用高性能保温隔热苯板建造的夹芯墙房屋具有优越的耐久、保温隔热、防火、隔声、舒适性，专家、学者和工程师们对高性能夹芯复合墙体的研究分析，证明了这些夹芯复合墙体能集建筑保温、隔热、防火等与主体围护结构功能于一体，综合效益明显，故欧美国家也开始将其采用于高层建筑中。

国外的夹芯复合墙板技术日益成熟，在理论研究方面，早在20世纪40年代，力学工作者就提出了复合板的各种分析与计算模型，典型的有Reissner（莱斯纳尔）理论、Hoff（霍夫）理论和普鲁卡可夫-杜庆华理论。许多学者将多种板理论加以发展以预测复合保温墙板的受力性能，通常以假定的变形函数把板理论分为三类：等效单层理论、层离散理论和之字形平面位移理论。基于亚层一阶之字形理论所提出的改进板理论和三维单元模型，可以较为准确有效地分析各种厚板或薄板。由Disciuva提出的一阶之字形理论全部自由度仅为5个，而与复合板的层数无关，使计算成本大大降低，改进后的高阶之字形理论很好地考虑了非对称复合板弯曲过程中产生的翘曲；之字形理论的不足是要求横向位移自由度是连续的。Yip和Averill融合了层离散理论与高阶之字形理论的优点，建立了亚层单元模型。在试验研究方面，英国学者费希尔曾做过研究性试验分析了拉接件对夹芯复合保温墙板抗压强度的影响，研究表明：拉接件的类型和间距对于夹芯复合墙板的弹性模量影响很小，故不会影响其抗压强度。英国爱丁堡大学亨特教授做了关于夹芯复合墙板的受力性能的试验研究，研究了夹芯保温墙体在垂直荷载作用下的承载能力，得到了弯矩在夹芯保温墙体之间的分配比例。亨特教授和其他学者还通过试验研究了夹芯复合保温墙板在水平荷载（主要指风荷载、地震作用）作用下的受力性能，提出在边界条件约束和水平荷载作用下夹芯墙体中存在拱效应。如今，国外的夹芯复合墙体技术日益成熟，欧美等国家的建筑几乎全部采纳了框架结构配合夹芯复合墙体的建筑体系。

此外，国外的装配式建筑应用较普遍，他们对于装配式结构的节点连接构造和抗震、隔震技术的研究和应用都很成熟，装配式框架梁柱、预制外墙挂板等构件应用较广泛，预制构件具有专业化施工管理水平较高，生产质量好、工期短的优势。

4.1.2　国内的发展与现状

国内对建筑节能与结构一体化的研究起步较晚，最初只是在建筑节能领域有一定的研究，而对于一体化复合保温墙体的研究主要集中在墙体材料选择、连接件对墙体承载力的影响、改善"冷桥"与结露措施以及墙体受力性能等方面。

4.1.2.1　墙体材料选择

基于贵州省丰富的磷矿资源，贵州大学曹建新等从 2000 年开始就开展了对磷石膏资源化利用的系列研究工作，变废为宝把磷矿研发为墙体材料，制作磷石膏空心墙体。贵州大学马克俭等在 2005—2007 年间开展了磷石膏在大开间灵活隔断住宅建筑中的综合应用研究，从结构形式、构造措施、施工工艺、保温节能和产业化前景等几方面进行了可行性分析，并初步做了理论分析和试验研究，认为磷石膏在节能与结构一体化方面具有极大的开发价值。

太原理工大学代学灵等研究的玻化微珠保温混凝土墙就是一种节能与结构一体化承重墙，轻骨料玻化微珠由火山岩粉碎成矿砂后经特殊膨化烧法加工而成，它可与粗集料进行良好级配，目前已配置了 C10～C35 保温混凝土。

西安建筑科技大学针对工业废渣的处理和利用研发了一种新的集节能与结构一体化的新型墙体结构，即密肋壁板结构，它由密肋复合墙板和异形柱框架构成承重墙体，密肋复合墙板以小截面混凝土构件为框格，内嵌以炉渣、粉煤灰等工业废料为主要原料的加气硅酸盐砌块预制而成，再通过现浇异形柱框架连为整体。密肋壁板结构可应用于小开间住宅，目前已成功应用于西安建筑科技大学 1 号学生公寓和西安市更新街住宅小区工程。

山东建工集团于 2002 年从澳大利亚引进了纤维石膏复合墙板成套生产线和相关技术，并进行了相应改造，用这种墙板在工厂制作成 12m×3.05m×0.12m 的标准板，其可以在现场切割，施工速度较快，当在空腔内灌注混凝土形成密排芯柱后可用于多层住宅。山东建筑大学赵考重教授通过对 27 个该混凝土灌芯玻璃纤维石膏墙板受压试件在轴向压力作用下的试验，研究了墙板在轴向压力作用下的受力性能，得到了墙板的破坏机理和承载力，给出了玻璃纤维空心石膏板灌孔后的抗压强度基本指标和混凝土灌芯玻璃纤维石膏墙板轴心受压构件的承载力计算公式。后赵考重教授又对一足尺 5 层的灌芯玻璃纤维石膏墙板楼房试件进行了低周往复荷载试验，研究表明：由于芯柱只在楼层处有圈梁连接，因此墙体的抗剪刚度较弱，剪切破坏在整个破坏过程中占有比较重要的位置。

4.1.2.2　连接件对墙体承载力的影响

夹芯复合墙体内外两片墙的连接方式主要有三种：钢筋连接、钢筋网片拉接及其他高性能材料的拉接。哈尔滨工业大学曾用丁砖拉接和钢筋拉接的夹芯墙体做了竖向承载力对比试验研究，表明在竖向静力荷载作用下，钢筋拉接的墙体开裂荷载比丁砖拉接的墙体要高，性能优于丁砖拉接墙体。此后的一段时间里丁砖拉接方式逐渐被钢筋拉接和钢筋网片取代。郭米娜通过钢筋拉接和钢丝网片拉接的夹芯复合保温墙体低周反复荷载下的试验研究，结果表明：①两种不同拉接方式的夹芯复合墙体在平面外延性大致相同，在荷载作用下内外两片墙体协同工作良好；②内外两片墙之间的连接提高了外叶墙砂浆层抗拉强度和抗推与抗拉承载力；③钢丝网片连接的夹芯保温墙体抗震承载力优于钢筋连接的夹芯墙体。高连玉等对夹芯墙体钢筋拉接件防锈剂进行了深入研究，研究了防锈剂的各种性能以及不同配方对比的防锈剂对钢筋拉结件的影响，提出了一种适合夹芯墙体的新型DFJ钢筋防锈剂。陈海涛等通过对混凝土夹芯保温墙体热传递监测试验及数值模拟分析，研究了钢筋网对复合保温墙体保温性能的影响，得到了夹芯复合墙体中的拉接筋形成了"冷桥"，破坏了墙体的整体保温性能，提出了保温墙体采用钢筋网增强承载能力时，应将保温层靠外侧布置，可以减小横穿钢筋外侧端与混凝土的结合长度，增大"瓶颈"作用，削弱钢筋网的传热效果。

4.1.2.3　改善"冷桥"与结露措施

王连宝、朱盈豹等从施工工艺方面提出了改善夹芯保温复合外墙"冷桥"、结露的措施，对解决夹芯保温墙体建筑"冷桥"与结露问题起到了一定作用，措施包括采用轻集料轮、夹芯技术、保温砂装和保温粉、钢丝网聚苯乙烯发泡板以及采取通风排潮等。

4.1.2.4　结构受力性能和抗震性能研究

唐贷新教授做了关于夹芯保温墙体的在静力作用下的受力性能和抗震性能的试验研究，分析了夹芯保温墙体的承载能力、稳定问题、拉接件的影响和抗震性能，并取得了一定成果。

大连理工大学李宏男教授也做了夹芯保温墙体的抗震性能试验，研究了不同构造墙体的破坏形态、变形性能、拉接件的作用，并提出了该种墙体的开裂荷载与极限荷载的计算公式。

山东大学的侯和涛、胡肖静等对钢结构住宅节能复合墙板进行了理论与试验研究。首先，利用通用有限元分析软件ABAQUS建立了节能复合墙板的有限元模型，对影响节能复合墙板抗弯刚度的因素进行分析和总结；然后，对5块足尺节能复合墙板受力性能进行了试验研究，得到了墙板的受力机理、裂缝分布规律及破坏形态；最后将试验结果和非线性有限元分析结果对比研究，对墙板的结构设计提出了建议。

山东大学的侯和涛、吴明磊等对装配式钢框架-节能复合墙板结构体系的滞回性能进行了试验研究与有限元分析。通过研究表明该结构具有良好的抗侧力性能与抗震性能，"先墙板，后框架"的破坏形态对结构抗震来说较为安全，且墙板的整体性能较好。

长江大学的刘磊，通过对EPS夹心墙模型进行平面内的有限元分析，研究了EPS夹心墙抗震性能，详细全面地分析了不同密度的EPS、不同EPS保温层厚度、不同竖向压应力情况下夹心墙的受力性能。

综上所述，以上的研究成果为我国的建筑节能事业的快速发展奠定了基础。"十一五"之后，在国家节能政策的推动下，我国的专家、学者在墙体开发方面作了大量的研究工作，涌现了一批新型的保温墙体结构，如配筋混凝土小型空心砌块复合保温墙、钢丝网细石混凝土夹板墙、钢筋刚架细石混凝土夹板墙等，这些墙体性能虽各有优劣，墙体的协同工作性能和施工工艺尚有待改进，但均采用了夹芯保温构造做法。随着各种复合保温墙板研究的进行，建筑节能与结构一体化的概念也逐渐突出，并成为墙体研究的一个重要方向。

4.2　HRP 外墙条板概念的提出及基本设计

随着近些年来装配整体式建筑体系的大力推广，钢筋混凝土结构、钢结构等建筑物外墙采用预制外挂墙板日趋普遍。作者提出了设计一种高效节能、防火、防水及隔声等性能突出、精装一体化、条板化工厂预制生产并且现场快速插接施工的外墙预制保温条板体系——HRP 外墙条板体系（一体化装配式外墙保温装饰条板）的概念，并进行了 HRP 外墙条板基本板型和尺寸、建筑外墙排版的设计以及主要原材料的选定。

4.2.1　概念

4.2.1.1　HRP 外墙条板

根据提出的"高效节能、防火防水及隔声等性能突出、精装一体化、条板化工厂预制生产并现场快速插接施工"的设计理念，将其定义如下。

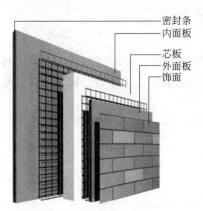

图 4-1　HRP 外墙条板剖视图

采用双侧钢筋网和热断桥连接件作为骨架，两侧浇注强度不低于 C40 的专用纤维混凝土（或砂浆），中间填充做防火封闭的聚苯板（EPS）、挤塑板（XPS）、改性酚醛树脂（PF）、聚氨酯发泡（PU）等保温材料，工厂内全自动机械化生产，并在外面板做精装喷涂饰面，双侧具有榫卯式防水结构的一体化装配式外墙保温装饰条板，简称 HRP 外墙条板。

HRP 外墙条板分为标准板、窗上板、窗下板、窗侧板、转角板、补空调整板等，集保温、防火、防水、精装修于一体，HRP 外墙条板立体剖析演示图见图 4-1。

通过对 HRP 外墙条板的设计，应达到如下目标：

① 通过板体构造设计，使墙板达到保温效果突出，高效节能，节能应达到 75% 以上；

② 通过板体构造设计以及原材料的选定，使墙板防火、隔声等性能突出；

③ 通过板缝的构造设计，使其防水效果突出；

④ 板本身实现了集防雨、保温、防火、精装修于一体，饰面多样化，根据工程需要定制即可；

⑤ 板型及尺寸、材料、墙板构造以及生产工艺等符合工厂工业化生产的需求，采用智能化生产线，大规模、标准化生产，降低生产成本；

⑥ 现场采用插接拼装到位，板吊装就位后直接推装到位即可，施工快捷方便。

HRP 外墙条板概念效果图如图 4-2。

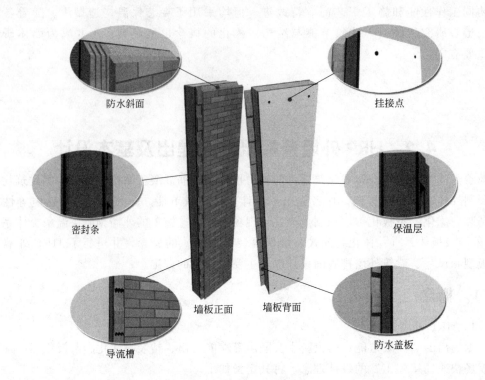

图 4-2　HRP 外墙条板概念效果图

4.2.1.2　HRP 外墙条板系统

　　采用装配式工艺，将 HRP 外墙条板通过预埋件与框架梁、柱、板牢固黏结在一起，使建筑墙体实现建筑节能结构一体化、保温与建筑同寿命的建筑节能技术体系，称为一体化装配式外墙保温装饰条板系统，简称 HRP 外墙条板系统。

　　HRP 外墙条板系统的安装示意图分别见图 4-3、图 4-4。

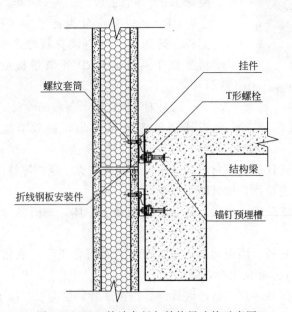

图 4-3　HRP 外墙条板与结构梁连接示意图

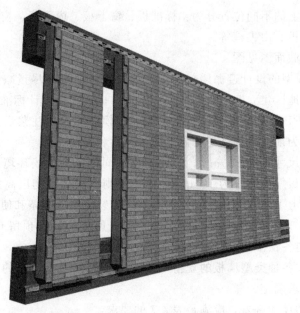

图 4-4　HRP 外墙条板安装示意图

4.2.2　基本设计

4.2.2.1　板型及尺寸

HRP 外墙条板分类方式有以下几种。

（1）按照规格尺寸分为：标准板、异形板、辅助构件。

标准板——指宽度为 600mm，厚度为 180mm，高度为层高，形状标准规则，量大面广，适合设计标准化、工厂化大规模生产的一类墙板；

异形板——是指少量的、形状特殊的，尺寸根据设计情况而定，用于建筑物的拐角、窗户周围等特殊部位或者用于调整补空的一类墙板，如转角板、窗侧板等；

辅助构件——是指与墙板共同构成建筑物墙体围护结构的其他构件，如窗台板、预制天沟等。

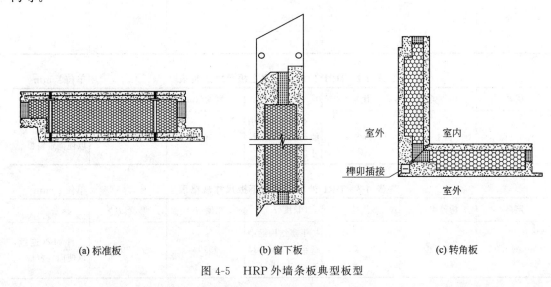

(a) 标准板　　　　　　　　(b) 窗下板　　　　　　　　(c) 转角板

图 4-5　HRP 外墙条板典型板型

（2）按照在外墙上的不同位置分为：标准板、窗上板、窗下板、窗侧板、转角板、勒脚板、檐下板、女儿墙板、山尖板等。

几种典型的板型截面图见图 4-5。

HRP 外墙条板板型的设计遵循墙板的规格统一化的原则，尽量减少墙板规格类型，使墙板规格定型，为各地区建立墙板生产线创造条件，提高墙板设计标准化、生产工业化、安装机械化的水平。HRP 外墙条板的制造是在密闭的模腔里压力注浆后养护成型，其尺寸的设计应当以方便制造为前提，即应考虑制造的可能性和方便性。

将标准板的宽度尺寸定为 600mm，厚度根据不同地区的气候环境可调节，根据山东地区气候环境，本标准板厚度尺寸为 180mm，而长度则依据建筑物层高的不同从 2.8～4.2m 不等。考虑到墙板的上下左右各预留一定的间隙以安装密封硅胶条和便于墙板调节安装，宽度方向左右各预留 0.5mm，即墙板长度为 599mm；厚度前后各预留 0.5mm，即墙板厚度为 179mm；上下方向各预留 2.5mm，即长度为层高减 5mm。

HRP 外墙条板中各种类型墙板的规格尺寸应符合表 4-1～表 4-6 的要求。调整板规格尺寸应根据具体设计要求确定。

HRP 外墙条板的尺寸偏差，应满足表 4-7 的要求。

表 4-1　HRP 外墙条板标准板尺寸规格表　　　　　　　　　　　单位：mm

层高	构件类型	代号	长度（L）	宽度（B）	厚度（H）	备注
2800			2795			
2900			2895			
3000			2995			
3100			3095			
3200			3195			
3300	标准板	BB	3295	599	179	
3400			3395			
3500			3495			
3600			3595			
3900			3895			
4200			4195			

表 4-2　HRP 外墙条板窗上板尺寸规格表　　　　　　　　　　　单位：mm

层高	构件类型	代号	长度（L）	宽度（B）	厚度（H）	备注
2800～4200	窗上板	CS	本层结构梁中线至窗口上沿尺寸，最大 1500	599	179	榫卯不连续，以便固定窗框

表 4-3　HRP 外墙条板窗下板尺寸规格表　　　　　　　　　　　单位：mm

层高	构件类型	代号	长度（L）	宽度（B）	厚度（H）	备注
2800～4200	窗下板	CX	下层结构梁中线至窗口下沿尺寸，最大 1500	599	179	榫卯不连续，以便固定窗框

表 4-4　**HRP 外墙条板窗侧板尺寸规格表**　　　单位：mm

层高	构件类型	代号	长度(L)	宽度(B)	厚度(H)	备注
2800			2795			
2900			2895			
3000			2995			
3100			3095			
3200			3195			
3300	窗侧板	CC-1 CC-2	3295	599	179	窗口两侧墙板对称,大小尺寸完全相同
3400			3395			
3500			3495			
3600			3595			
3900			3895			
4200			4195			

表 4-5　**HRP 外墙条板转角板尺寸规格表**　　　单位：mm

层高	构件类型	代号	长度(L)	宽度(B)	厚度(H)	备注
2800			2795			
2900			2895			
3000			2995			
3100			3095			
3200			3195			
3300	转角板	ZJ	3295	根据实际情况确定	179	
3400			3395			
3500			3495			
3600			3595			
3900			3895			
4200			4195			

表 4-6　**HRP 外墙条板调整板尺寸规格表**　　　单位：mm

层高	构件类型	代号	长度(L)	宽度(B)	厚度(H)	备注
2800~4200	补空调整板	TZ	层高或者根据实际情况裁剪所需高度	100、200、300	179	根据工程实际情况可进行现场切割

表 4-7　**HRP 外墙条板尺寸偏差**

序　号	项　目	尺寸偏差/mm
1	长度	±2
2	宽度	±1
3	厚度	±0.5
4	对角线差	±1.5

续表

序　号	项　目	尺寸偏差/mm
5	侧向弯曲	≤L/1000
6	预埋件中心位移	±5
7	预埋管线管中心位移	±5
8	榫卯结构中心位移	±1
9	榫卯结构尺寸偏差	±1

4.2.2.2　墙板的布置

采用 HRP 外墙条板的建筑物的墙板排版设计，应按照下列要求进行。

（1）在技术经济合理的基础上，采用墙板系统的建筑，平、剖面设计应力求简单整齐，立面处理要简洁大方，尽量降低外墙的凹凸系数。

（2）建筑的纵、横向轴线定位及高度设计宜采用 6M，并与墙板的规格、尺寸协调，以减少调整板规格和用量，实现墙板的标准化。

（3）根据建筑设计要求并结合墙板规格和构造连接方式，合理进行墙板布置。建筑外墙板排版设计应力求简单整齐，减少墙板规格，降低造价并缩短建设周期。

（4）横向布置墙板，为便于墙板排布、固定及安装，宜采用带形窗，且窗洞高度应为选用墙板基本板高度的整数倍。有条件时，采用钢结构窗框或钢筋混凝土窗框，将窗洞与墙板分开，便于安装且避免墙板变形对门窗的不利影响。

（5）山尖外形可选用人字形、台阶形、一字形及折线形等，但应尽量减少板型。

（6）一个地区，同一种排水方式的檐口构造做法应尽量统一。

HRP 外墙条板排版设计应逐层逐部位进行细化，画出每层墙板平立面布置图。在平面和立面墙板布置图中，应按 HRP 外墙条板的标记方法注明各类墙板的代号及长度、宽度、编号。对于调整板，要注明长宽等详细尺寸。如需预埋水管、电线管和安装箱槽等各类墙板，应注明布设位置。HRP 外墙条板的排版设计示例见图 4-6 和图 4-7。

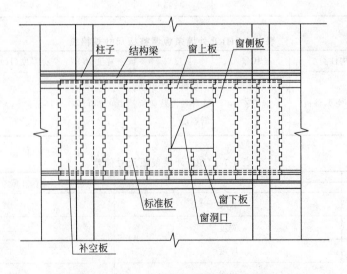

图 4-6　HRP 外墙条板立面布置示意图

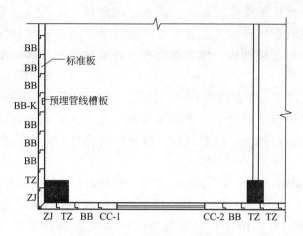

图 4-7　HRP 外墙条板平面布置示意图

4.2.3　主要原材料选定

4.2.3.1　一般规定

（1）制作墙板的材料，必须因地制宜，就地取材，充分利用工业废渣，尽量采用各种天然的或者人工的轻质材料。

（2）墙板系统所用板材、连接件和预埋件、保温材料、建筑密封材料等均应符合国家现行产品标准的相关规定，并应具有产品的质量保证书和产品出厂合格证，其力学物理及耐候性能应符合设计要求。

（3）墙板系统所用材料应采用不燃性材料或难燃性材料。

（4）墙板采用材料的核素限量不得超过现行国家标准《建筑材料放射性核素限量》（GB 6566）的有关规定。

4.2.3.2　墙板饰面材料

HRP 外墙条板的设计理念之一是精装一体化，墙板出厂前就做好了精装饰面，饰面效果可根据客户需求定制。无需后续的现场涂装工序，加快施工进度，同样也保护环境。HRP 外墙条板设计理念之二是建筑节能与结构一体化，墙板与建筑同寿命。因此，需要选用一种超强耐久性，装饰效果好，装饰效果多样化的饰面材料。在饰面材料选定的过程中，选择了真石漆类涂料和氟碳漆类等外墙涂料，二者可以制造出包括具有真实金属质感和天然石材装饰效果的多种外墙饰面，如图 4-8 所示。

真石漆主要由高分子聚合物、天然彩石砂及相关助剂制成，干结固化后坚硬如石，看

图 4-8　真石漆、氟碳漆饰面效果图

起来像天然真石一样。真石漆具有防火、防水、耐酸碱、耐污染、无毒、无味、黏结力强等特点，能有效地阻止外界恶劣环境对建筑物侵蚀，延长建筑物的寿命，由于真石漆具备良好的附着力和耐冻融性能，特别适合在寒冷地区使用。具有施工简便、易干省时等优点。

氟碳漆是指以氟树脂为主要成膜物质的涂料，又称氟碳漆、氟涂料、氟树脂涂料等。在各种涂料之中，氟树脂涂料由于引入的氟元素电负性大，碳氟键能强，具有特别优越的各项性能。耐候性、耐热性、耐低温性、耐化学药品性，而且具有独特的不黏性和低摩擦性。

真石漆和氟碳漆既满足了精装饰面好，效果多样化的要求，又具有超强的耐候性、耐热性等耐久性能，在工厂车间内对墙板外饰面进行喷涂也较容易实现，是 HRP 外墙条板精装饰面材料的最佳选择。根据山东省地方标准《保温装饰板外墙外保温系统》（DB37/T 1992—2011）的要求，其性能指标应满足表 4-8 的要求。

表 4-8　HRP 外墙条板饰面材料性能指标

检 验 项 目	性 能 指 标
耐酸性　48h	无异常
耐碱性　96h	无异常
耐盐雾　500h	无损伤
耐人工气候老化　2000h	外观:不起泡、不脱落、不开裂 粉化:≤1 级　　变色:≤2 级　　失光:≤2 级
耐沾污性/%	≤10
表面漆膜附着力/级	≤1

注：1. 耐沾污性、表面漆膜附着力仅限平涂饰面。

2. 耐人工气候老化三项评价指标——粉化、变色、失光仅适用于白色和浅色涂料，其他色可由供需双方商定。

4.2.3.3　混凝土内、外面层

预制混凝土外墙挂板是在国内外应用较为普遍的一种外墙板。一般来说，预制混凝土外墙挂板的面板可以采用普通混凝土或轻集料混凝土制作，其混凝土强度等级不宜低于 C25 或 LC25。为防止开裂，其最薄的厚度国外规定不小于 50mm，在国内一般也不小于 40mm。

在设计的过程中，为了提高 HRP 外墙条板内外面层混凝土的抗裂性能和抗冲击性能等，同时为了将板做薄以减轻自重，选取了 C40 细石纤维混凝土。与普通混凝土相比，细石纤维混凝土外墙板可以将面板断面从 50mm 减至 30mm，在大大减轻重量的同时，仍然保持相当高的满足设计要求的强度及抗裂性能。

制造细石纤维混凝土主要使用具有一定长径比（即纤维的长度与直径的比值）的短纤维，其抗拉极限强度可提高 30%～50%。纤维在纤维混凝土中的主要作用，在于限制在外力作用下水泥基料中裂缝的扩展。在受荷（拉、弯）初期，当配料合适并掺有适宜的高效减水剂时，水泥基料与纤维共同承受外力，而前者是外力的主要承受者；当基料发生开裂后，横跨裂缝的纤维成为外力的主要承受者。与普通混凝土相比，纤维混凝土具有较高的抗拉与抗弯极限强度，尤以韧性提高的幅度为大。面层采用的细石纤维混凝土，其性能指标见表 4-9 的要求。

表 4-9 细石纤维混凝土面层性能指标

检验项目		性能指标
表观密度/(kg/m³)		≥2000
尺寸稳定性(70℃,48h)/%		≤0.3
抗压强度/MPa		≥40
抗折强度/MPa		≥10
含水率/%		≤5
软化系数		≥0.85
养护时间/d	自然养护	≥28
	蒸汽养护(60℃)	≥2

4.2.3.4 保温隔热层

保温隔热层材料若采用模塑聚苯乙烯泡沫塑料（EPS）应符合《绝热用模塑聚苯乙烯泡沫塑料》（GB/T 10801.1）规定的要求，其中 EPS 泡沫板为阻燃型、并且密度不得小于 18kg/m³，热导率不得大于 0.038W/(m·K)；若采用挤塑聚苯乙烯板（XPS）应符合《绝热用挤塑聚苯乙烯泡沫塑料（XPS）》（GB/T 10801.2）规定的要求，压缩强度为 150～250kPa；也可采用符合相应标准要求的改性酚醛树脂（PF）、聚氨酯（PU）、岩棉、玻璃棉等其他高效保温材料。

HRP 外墙条板体系系列产品的保温隔热层材料可采用做防火封闭的聚苯板（EPS 板）、挤塑板（XPS 板）、改性酚醛树脂板（PF）、聚氨酯板（PU）等，其性能指标见表 4-10 的要求。

表 4-10 EPS 板、XPS 板、PF 板、PU 板性能指标

检验项目	性能指标			
	EPS 板	XPS 板	PF 板	PU 板
密度/(kg/m³)	≥20	22～35	≤55	≥35
热导率(平均温度25℃)/[W/(m·K)]	≤0.038	≤0.030	≤0.033	≤0.024
垂直于板面方向的抗压强度/MPa	≥0.10	≥0.20	≥0.10	≥0.10
尺寸稳定性(70±2℃,48h)/%	≤0.3	≤1.2	≤1.5	≤1.0
压缩强度/MPa	≥0.10	≥0.15	≥0.15	≥0.15
燃烧性能分级	不低于 B 级			
吸水率(V/V)/%	≤3.0	≤2.0	≤5.0	≤3.0

本章采用做防火封闭的聚苯板（EPS）做保温隔热层材料，根据标准板的设计构造，将 EPS 板沿宽度方向预留 1～2mm 的压缩空间，并沿 EPS 板四周粘贴一圈酚醛防火板，所裁剪出的 EPS 芯板图如图 4-9 所示。

4.2.3.5 钢丝网片

本章所用的钢丝网片即放置在细石纤维混凝土内、外面层内，用钢丝编织焊接成的双向钢丝网片，其性能指标见表 4-11。

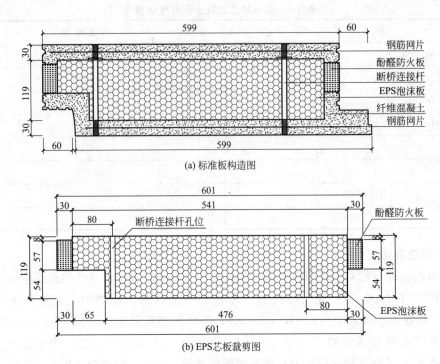

(a) 标准板构造图

(b) EPS芯板裁剪图

图 4-9　保温隔热层芯板设计图

表 4-11　钢丝网片性能指标

项　　目	指　　标
外观	表面清洁,无明显油污
钢筋锈点	焊点区外不允许
焊接应力	焊点拉应力≥210MPa,无过烧现象,以预埋铁件钢板的屈服强度235MPa计算
焊点质量	钢丝与网片钢筋不允许脱焊漏焊。每片钢网片漏焊脱焊点少于等于2处,且不连续,板端200mm区内不允许脱焊漏焊。
钢丝挑头	板边挑头≤0.5mm,插丝挑头≤0.5mm

钢丝网片的钢丝抗拉强度在 600MPa 以上，经验算，选用直径为 4mm，间距 40mm 的钢丝网片足以满足其抗弯承载力等设计要求。因此，将钢丝网片双层双向分别布置在内、外面层的中线处，即保留 15mm 的保护层厚度，其中 3m 长 HRP 外墙条板钢丝网片布置图如图 4-10 所示，其他板长类推。

4.2.3.6　热断桥连接杆

为使 HRP 外墙条板内、外叶混凝土面层实现可靠的连接进而与钢筋混凝土面层形成稳定的空间骨架结构，并且防止出现热断桥，其连接宜采用热断桥连接杆。热断桥连接杆一般为管状或杆状（见图 4-11），由连接管（或连接杆）及套环组成，连接管（或连接杆）宜设置一定形式锚固构造措施。热断桥连接杆宜采用拉挤成型工艺制作，原料为 E 玻璃纤维和不饱和聚酯树脂，其纤维含量不宜低于 40％。

热断桥连接杆性能指标应符合表 4-12 的要求。

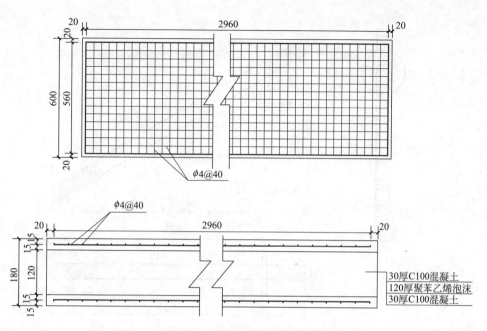

图 4-10　3m 长 HRP 外墙条板钢丝网片布置图

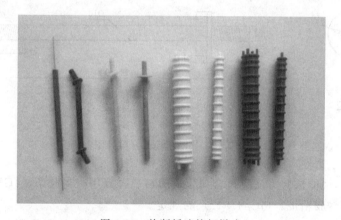

图 4-11　热断桥连接杆样式

表 4-12　热断桥连接杆性能指标

检 验 项 目	性 能 指 标	检 验 项 目	性 能 指 标
密度/(g/cm³)	1.4~2.0	断后伸长率/%	4.5~6.5
吸水率/%	0.04~0.20	冲击韧度/(J/m²)	40
抗拉强度/MPa	≥600	硬度/(HR/HBS)	230
拉伸模量/GPa	20.7		

本章所采用的热断桥连接杆由项目依托单位自行设计,交由济南某塑料杆厂家进行生产加工,其尺寸构造见图 4-12。

4.2.3.7　硅胶密封条

墙板系统用密封胶带和胶条可采用硅胶密封条条、丁基橡胶密封胶带和聚氨酯密封胶条

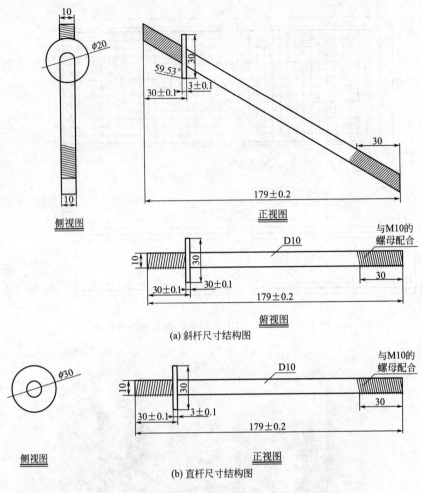

侧视图

正视图

(a) 斜杆尺寸结构图

俯视图

与M10的螺母配合

D10

侧视图

正视图

(b) 直杆尺寸结构图

图 4-12　热断桥连接杆设计图

等，其技术要求和性能试验方法应符合《建筑门窗、幕墙用密封胶条》（GB/T 24498）以及《丁基橡胶防水密封胶粘带》（JC/T 942）的规定。

综合考虑墙板生产和造价等因素，HRP 外墙条板的板缝处理采用自防水导水槽榫卯结构，内部嵌有连续的密封硅胶条。硅胶材料密封性能好，耐高温、耐候性能佳，抗老化抗击打，防震防水，能贴合各类光滑表面材质。硅胶密封条用于各类大型化工、生活用品液体（气体）密封，能完全隔绝载体与外界的联系，有效保存物品。异形密封条按照密封件的相应尺寸形状设计，安装容易，能完全贴合部件。采用硅胶密封条，可以阻绝外界空气与室内的交换，减少热量的流失，同时利于防水。硅胶密封条性能指标见表4-13 的要求。

表 4-13　硅胶密封条的性能指标

检验项目	性能指标	检验项目	性能指标
密度/(g/cm³)	1.18	扯断伸长率/%	≥200
硬度　邵氏 A 度	≥50	扯断永久变形	≤12
拉伸强度/MPa	≥6.0	撕裂强度/(kN/m)	≥15

4.2.3.8　其他材料

HRP 外墙条板制造中的其他材料应符合的标准或性能指标见表 4-14。

表 4-14　其他材料应符合的标准或性能指标

材　料	规　格	标准或性能指标
水泥	42.5 通用硅酸盐水泥	应符合 GB 175—1999 要求
EPS 颗粒	粒径不大于 10mm	堆积密度在 8.0～21.0kg/m³
外加剂	—	应符合 GB 8076—2008 的要求
电焊条	—	焊接采用的焊条,应符合现行国家标准《碳钢焊条》(GB/T 5117)或《低合金钢焊条》(GB/T 5118)的规定,选择的焊条型号应与母材金属力学性能相适应
聚乙烯醇	—	应符合(GB/T 12010.1—2008)的要求
硅灰	—	应符合(GB/T 27690—2011)的要求
砂	粒径不大于 1mm	应符合(GB/T 14684—2011)的要求
钢丝	$\phi2,40\text{mm}\times40\text{mm}$	应符合 JGJ 19 中的有关规定,抗拉强度不低于 450MPa

4.3　HRP 外墙条板的结构优化设计及计算分析

4.3.1　板缝设计及优化

建筑外墙板的板缝设计应满足防水、防火及保温要求,并应使构造合理、施工简便、坚固耐久。墙体设计应根据材料特性和构造特点进行相应的防水、隔声和防火设计。本章 HRP 外墙条板的板缝设计从墙板之间预留缝隙尺寸设计、防水构造设计、防火构造设计以及保温构造设计四个方面进行设计,力求达到构造合理、施工简便、坚固耐久的目的。其中板两侧的榫卯式防水构造是 HRP 外墙条板的一大突出特色,榫卯式防水构造解决了垂直缝防水的世界性难题,相关研究成果已经申报发明专利,其优势也得到了业内人士的普遍认可。

4.3.1.1　墙板之间的预留缝隙尺寸设计

一般来说,预制混凝土外墙挂板的板缝宽度,应根据墙板极限温度变形、风荷载及地震作用下的层间位移、密封材料最大拉伸-压缩变形量及施工安装误差等因素设计计算确定。针对传统的预制大板来说,根据常用密封胶应用特点及实际工程经验,板缝宽度应在 10～35mm 范围内。HRP 外墙条板将大板转化为小板,标准板宽 600mm,墙板安装时自然顶紧不再填充密封胶类材料,又加之工厂内密闭模腔成型预制,精度大幅度提高。因此,HRP 外墙条板之间的预留缝隙尺寸可以大幅度降低,完全可以实现降到毫米级别。

在温度变化时,混凝土(砖砌体)结构的伸长或者缩短的变形值与长度、温度成正比例关系,与材料的性质有关,可以按照式(4-1)进行计算:

$$\Delta L = L(T_2 - T_1)\alpha \tag{4-1}$$

式中　ΔL——随温度变化而伸长或缩短的变形值,mm。

　　　　L——结构长度,mm。

$T_2 - T_1$——温度差，K。

    α——材料的线性膨胀系数，混凝土为 1.0×10^{-5}；钢材为 12×10^{-6}；砖砌体为 0.5×10^{-5}。

根据以上理论依据和计算公式，将 HRP 外墙条板简单看作单一材料的混凝土板，可以计算得：

在宽度方向（取标准板宽 600mm 进行计算），一般取温度变化范围为 $-20 \sim 40℃$，

$$\Delta L_{600} = 600 \times 60 \times 1 \times 10^{-5} = 0.36mm$$

在长度方向（取层高 4200mm 进行计算），一般取温度变化范围为 $-20 \sim 40℃$，

$$\Delta L_{4200} = 4200 \times 60 \times 1 \times 10^{-5} = 2.52mm$$

因此，可以在板的宽度方向预留 $0.5 \sim 1mm$ 的间隙，在板的长度方向预留 $3 \sim 5mm$ 的间隙，并且施工时宜采用"冬留缝、夏顶紧"方式使预留缝隙的尺寸更加合理。

4.3.1.2　榫卯式防水构造

长久以来，外墙垂直缝的防水问题一直没有得到有效的解决，外墙渗漏将严重影响工程结构的耐久性和安全性。本章针对外墙垂直缝的防水问题，独创性地发明了榫卯式防水构造（见图 4-13），采用构造防水与硅胶密封材料防水相结合的形式，彻底解决了外墙板的渗漏防水问题。

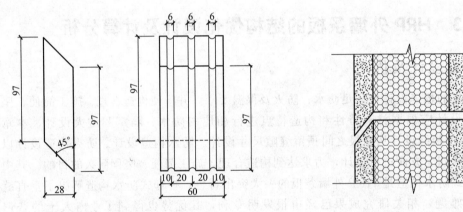

图 4-13　榫卯式防水结构

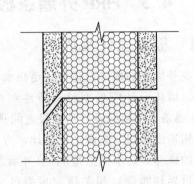

图 4-14　板上、下沿配套斜坡

HRP 外墙条板两侧设置榫卯式防水构造，将垂直缝转为水平缝，榫卯式防水构造为倾斜 $45°$ 的菱形斜面，在斜面上设置导流槽，一旦雨水进入可像瓦屋面一样可将水迅速导出；并且在 HRP 外墙条板的上沿、下沿均有配套的斜面（见图 4-14），非常利于防水；另外，在 HRP 外墙条板的四周均设有两道密封条（见图 4-16），也有利于防水。

4.3.1.3　防火构造设计

根据住建部、公安部 2009 年 46 号和 2011 年 65 号文件的要求，住宅建筑：建筑高度大于 100m 以上，保温材料的燃烧性能应为 A 级；其他民用建筑：建筑高度大于 50m 需要设置 A 级防火材料；其他民用建筑：24m≤高度＜50m 可使用 A1 级，也可使用防火隔离带。

如果芯板全用 EPS 板，将达不到相应的防火要求。根据芯板的裁剪尺寸，进行相应的优化设计，在 EPS 基板上四周预留 30mm×57mm 的空间粘贴改性酚醛防火板（见图 4-15）。进行防火封堵设计后的 HRP 外墙条板的防火等级提高，同时不会产生热断桥。

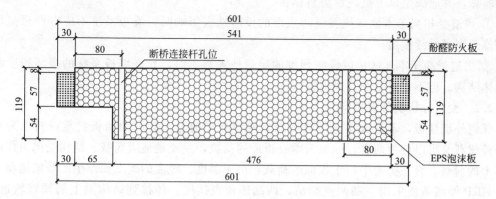

图 4-15　芯板的防火设计

4.3.1.4　保温构造设计

HRP 外墙条板安装时直接推装到位，预留板缝之间不再填充材料，为了达到一定的保温效果，在板的四周设置两道密封条，用于墙体密封，既可起到保温密封作用，暴雨时又可起到防水作用，其构造见图 4-16。

4.3.2　结构计算及分析

4.3.2.1　一般规定

HRP 外墙条板属于非承重墙，并不参与结构整体受力，而是像幕墙一样附着在主体结构的外侧。由于相关设计规范滞后，给 HRP 外墙条板的结构设计提出了挑战。

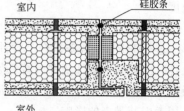

图 4-16　硅胶密封条构造图

根据国家相关标准规范、相关行业标准以及山东省地方标准，关于外挂墙板结构设计的规定主要有以下几点。

（1）墙板系统［包括预制混凝土外墙挂板、蒸压轻质加气混凝土板（ALC 板）、压型钢板复合保温墙板、金属面绝热夹芯板墙板］应按自承重、建筑非结构构件进行设计。

（2）墙板系统构件的设计使用年限应符合《建筑结构可靠度设计统一标准》（GB 50068）的有关规定。墙板系统的墙板构件及其与主体结构的连接的设计使用年限、安全等级、重要性及可靠度不宜高于主体结构的相应指标值。

（3）墙板系统的墙板构件应外挂于主体结构上，在对墙板构件及其与主体结构的连接进行设计时，不需考虑建筑物所承受的荷载和作用向墙板构件的传递，但在构件自重、设计风荷载、设防烈度地震作用、温度作用、主体结构位移及其组合效应的影响下，应满足规定的安全要求。

（4）墙板系统的墙板构件及其与主体结构的连接应具有足够的承载力、刚度和相对于主体结构的位移能力，必须适应温度作用所产生的变形，且在侧向荷载和重力荷载作用下的变形，不会对建筑物的结构体系形成约束。

（5）在设计墙板构件时，应考虑吊装、冲击荷载、运输荷载及与施工相关的其他荷载的作用。

（6）当抗震设防烈度为 7～9 度时，应对墙板系统中的墙板构件与主体结构的连接进行抗震验算，并应满足以下抗震设防目标：

① 当遭受相当于本地区抗震设防烈度的设防地震影响时，墙板系统不应有严重损坏或不需修理则可继续使用；

② 当遭受高于本地区抗震设防烈度的罕遇地震影响时，允许墙板系统的损坏程度略大于主体结构，但不得对生命造成危害。

4.3.2.2 受力分析及节点类型

任何外墙挂板，不论大小，一般均受到两种类型的力：其一为墙板自重；其二为外荷载。外荷载又可以分为两类，一类为垂直板面的荷载，主要是地震荷载、结构受风力作用传到板上的荷载，另一类为平行于板面的荷载，由于温度、湿度的改变而产生的胀缩运动。

HRP 外墙条板采用一端两点起吊，两端四角点挂接，挂接到结构梁上的预埋轨道后，直接推行到位，整层装完之后再在外墙板与结构梁的缝隙间浇筑专用灌浆料。根据《墙体材料应用统一技术规范》（GB 50574—2010）的规定，预制外墙板的构造设计应进行单块板抗风、墙板与主体结构的连接构造及部件耐久性设计。根据相关规范规定建于地震区的厂房，墙板本身一般不进行抗震强度验算，仅验算墙板与厂房骨架的连接件的抗震强度。

根据以上规定，在验算 HRP 外墙条板时，应按使用阶段和施工阶段进行正截面强度计算。进行 HRP 外墙条板产品设计时，并不需要考虑地震作用的影响，仅在外墙板连接件的设计时验算其抗震性能并验算其发生地震时的可靠性。另外，HRP 外墙条板的特点是将大板转化成条形小板，由于温度、湿度的改变而产生的胀缩相对来说是较小的，因此计算时也不用考虑其带来的影响。

综上所述，在进行 HRP 外墙条板的设计时，应分别计算使用阶段和施工阶段的内力，并验算其配筋及结构设计是否安全。使用阶段主要考虑承受风荷载和自重，按单跨简支梁进行计算；施工阶段则主要考虑其自重的影响，因其一端两点起吊，外墙板吊起前按单跨简支梁进行计算。

4.3.2.3 使用阶段内力计算及分析

（1）计算模型 以板长 3600mm 的标准板为例进行计算，计算模型如图 4-17 所示。

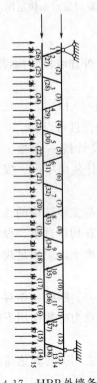

图 4-17 HRP 外墙条板
使用阶段计算模型

各材料的计算参数为：细石纤维混凝土 $\rho_c = 24kN/m^3$，改性酚醛防火板 $\rho_{JAZ} = 0.4kN/m^3$，EPS 泡沫板 $\rho_{EPS} = 0.2kN/m^3$，钢丝网 $\rho_s = 78kN/m^3$。

（2）荷载统计

① 风荷载

$$q_K = BW_K = 0.3\beta_z\mu_s\mu_z W_0$$
$$= 0.3 \times 1.0 \times 0.8 \times 1.7 \times 0.45 = 0.1836kN/m$$
$$q = 1.4q_K = 1.4 \times 0.1836 = 0.2570kN/m$$

② 墙板自重

细石纤维混凝土板：

$$m_c = 24kN/m^3 \times (30 \times 2 \times 600 \times 10^{-6} + 95 \times 62 \times 10^{-6})$$
$$= 1.005kN/m$$

改性酚醛防火板:

$$m_{JAZ} = 0.4 \text{kN/m}^3 \times (30 \times 2 \times 57 \times 10^{-6}) \text{m}^2 = 0.001368 \text{kN/m}$$

EPS 泡沫板:

$$m_{EPS} = 0.2 \text{kN/m}^3 \times (540 \times 120 \times 10^{-6}) \text{m}^2 = 0.013 \text{kN/m}$$

钢丝网:

$$m_s = 78 \times \left(\frac{600}{40} + \frac{3600}{40}\right) \times \frac{3.14}{4} \times 16 \times 10^{-6} = 0.103 \text{kN/m}$$

因此,荷载设计值为:

$$q = 1.2 \times (m_c + m_{JAZ} + m_{EPS} + m_s) = 1.2 \times 1.122 = 1.35 \text{kN/m}$$

$$F = \frac{qL}{4} = \frac{1.35 \times 3.6}{4} = 1.212 \text{kN}$$

(3) 内力计算(结果见图 4-18~图 4-20)

弯矩图如图 4-18 所示。

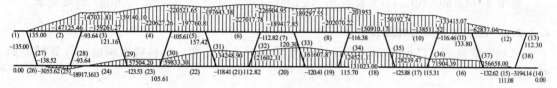

图 4-18　HRP 外墙条板使用阶段弯矩图

轴力图如图 4-19 所示。

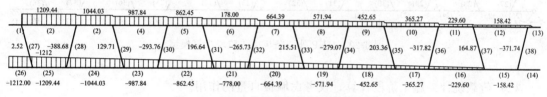

图 4-19　HRP 外墙条板使用阶段轴力图

剪力图如图 4-20 所示。

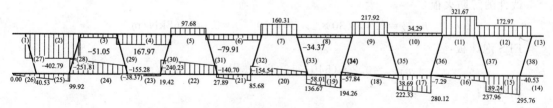

图 4-20　HRP 外墙条板使用阶段剪力图

(4) 变形计算　变形图如图 4-21 所示。

(5) 配筋验算　通过前面的内力计算,可以看出 HRP 外墙条板所受的危险截面的控制内力是 $M = 0.2269 \text{kN} \cdot \text{m}$。已知条件: $f_c = 19.1 \text{MPa}$,$f_y = 600 \text{MPa}$。

若保护层厚度留 15mm,则 $h_0 = 30 - 15 = 15 \text{mm}$。

由 $M = \alpha_1 f_c bx \left(h_0 - \dfrac{x}{2}\right) = \alpha_1 f_c b h_0^2 \alpha_s$ 得

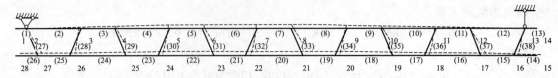

图 4-21　HRP 外墙条板使用阶段变形图

$$\alpha_s = \frac{M}{\alpha_1 f_c b h_0^2} = \frac{227000}{1.0 \times 19.1 \times 300 \times 15^2} = 0.176$$

$$\xi = 1 - \sqrt{1 - 2\alpha_s} = 0.195$$

$$x = \xi h_0 = 0.195 \times 15 = 2.925\text{mm}$$

$$\alpha_1 f_c b x = f_y A_s$$

$$A_s = \frac{1.0 \times 19.1 \times 300 \times 2.925}{600} = 27.93\text{mm}^2$$

选用 $\phi = 4\text{mm}@40\text{mm}$，实际配筋 $A_{\text{实s}} = \left[\dfrac{300}{40}\right]^{\text{❶}} \times \dfrac{3.14}{4} \times 4 = 23.55 \ \text{mm}^2$ 满足要求。

4.3.2.4　施工阶段内力计算及分析

（1）计算模型　以板长 3600mm 的标准板为例进行计算，材料特性同前，计算模型如图 4-22 所示。

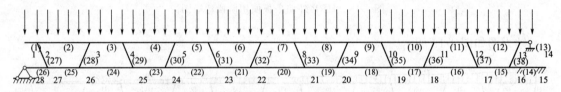

图 4-22　HRP 外墙条板施工阶段计算模型

（2）荷载统计　施工阶段计算，仅考虑墙板自重的作用。

细石纤维混凝土板：

$$m_c = 24 \times (30 \times 2 \times 600 \times 10^{-6} + 95 \times 62 \times 10^{-6}) = 1.005\text{kN/m}$$

改性酚醛防火板：

$$m_{\text{JAZ}} = 0.4 \times (30 \times 2 \times 57 \times 10^{-6}) = 0.001368\text{kN/m}$$

EPS 泡沫板：

$$m_{\text{EPS}} = 0.2 \times (540 \times 120 \times 10^{-6}) = 0.013\text{kN/m}$$

钢丝网：

$$m_s = 78 \times \left(\frac{600}{40} + \frac{3600}{40}\right) \times \frac{3.14}{4} \times 16 \times 10^{-6} = 0.103\text{kN/m}$$

因此，荷载设计值为：

$$q = 1.2 \times (m_c + m_{\text{JAZ}} + m_{\text{EPS}} + m_s) = 1.2 \times 1.122 = 1.35\text{kN/m}$$

（3）内力计算　弯矩图如图 4-23 所示。

轴力图如图 4-24 所示。

---

❶　符号"［ ］"为取整。

图 4-23　HRP 外墙条板施工阶段弯矩图

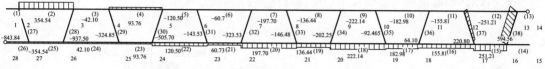

图 4-24　HRP 外墙条板施工阶段轴力图

剪力图如图 4-25 所示。

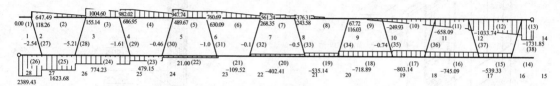

图 4-25　HRP 外墙条板施工阶段剪力图

（4）变形计算　变形图如图 4-26 所示。

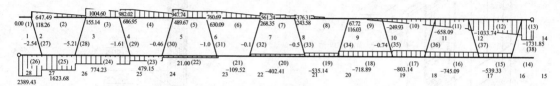

图 4-26　HRP 外墙条板施工阶段变形图

（5）配筋验算　通过前面的内力计算，可以看出 HRP 外墙条板所受的危险截面的控制内力是 $M = 1.147\mathrm{kN \cdot m}$。已知条件：$f_c = 19.1\mathrm{MPa}$，$f_y = 600\mathrm{MPa}$。

若保护层厚度留 15mm，则 $h_0 = 30 - 15 = 15\mathrm{mm}$。

由 $M = \alpha_1 f_c b x \left(h_0 - \dfrac{x}{2} \right) = \alpha_1 f_c b h_0^2 \alpha_s$ 可得：

$$\alpha_s = \frac{M}{\alpha_1 f_c b h_0^2} = \frac{1147000}{1.0 \times 19.1 \times 600 \times 15^2} = 0.44$$

$$\xi = 1 - \sqrt{1 - 2\alpha_s} = 0.654$$

$$x = \xi h_0 = 0.654 \times 15 = 9.81\mathrm{mm}$$

$$\alpha_1 f_c b x = f_y A_s$$

$$A_s = \frac{1.0 \times 19.1 \times 300 \times 9.81}{600} = 93.69\mathrm{mm}^2$$

若选用 $\phi = 4\mathrm{mm} @ 40\mathrm{mm}$ 的钢筋网，则实配钢筋为：$A_{实s} = \left[\dfrac{300}{40} \right]^{\bullet} \times \dfrac{3.14}{4} \times 4 = 100.50\mathrm{mm}^2$，满足要求。

---

❶　符号"［ ］"为取整。

4.3.3 节点构造设计

HRP 外墙条板属于建筑节能与结构一体化技术之一，保温效果突出，高效节能，解决了条形板垂直缝防水的世界性难题，其防火、隔声等性能突出。为加快其推广应用步伐，确保建筑工程质量和安全，为方便制定技术标准和应用技术导则，本节绘制了节点构造图。

（1）HRP 外墙条板安装组合图，应符合图 4-27 的构造要求。

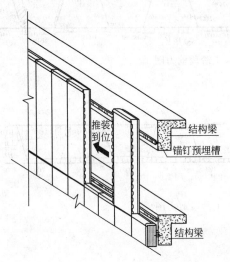

图 4-27　HRP 外墙条板安装示意图　　　图 4-28　HRP 外墙条板与结构梁安装节点构造

（2）HRP 外墙条板与结构梁连接，应符合图 4-28 的构造要求。
（3）HRP 外墙标准板相互榫卯插接连接，应符合图 4-29 的构造要求。
（4）HRP 外墙转角板阳角相互榫卯插接连接，应符合图 4-30 的构造要求。
（5）HRP 外墙转角板阴角相互榫卯插接连接，应符合图 4-31 的构造要求。
（6）HRP 外墙窗上、窗下板与窗户的安装，应符合图 4-32 的构造要求。

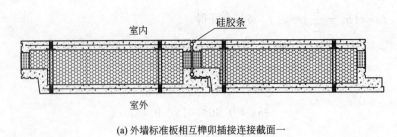

(a) 外墙标准板相互榫卯插接连接截面一

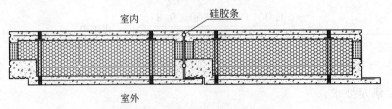

(b) 外墙标准板相互榫卯插接连接截面二

图 4-29　HRP 外墙标准板相互榫卯插接构造

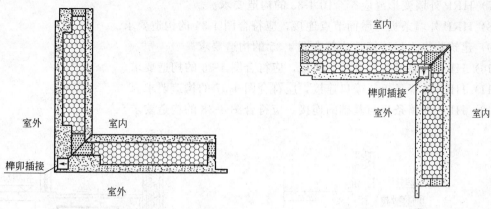

图 4-30　HRP 外墙转角板阳角相互榫卯插接构造　　图 4-31　HRP 外墙转角板阴角相互榫卯插接构造

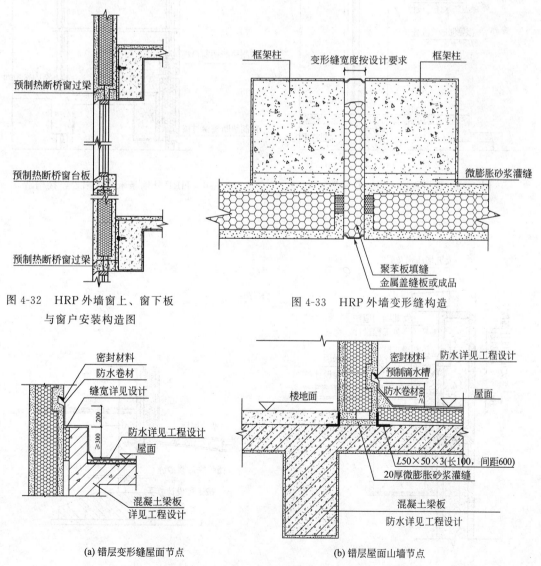

图 4-32　HRP 外墙窗上、窗下板
与窗户安装构造图

图 4-33　HRP 外墙变形缝构造

(a) 错层变形缝屋面节点　　　　　　(b) 错层屋面山墙节点

图 4-34　HRP 外墙条板与屋面节点构造

119

（7）HRP 外墙变形缝应符合图 4-33 的构造要求。

（8）HRP 外墙条板与屋面节点连接，应符合图 4-34 的构造要求。

（9）建筑物出入口连接，应符合图 4-35 的构造要求。

（10）HRP 外墙条板与挑阳台连接，应符合图 4-36 的构造要求。

（11）HRP 外墙条板与檐口连接，应符合图 4-37 的构造要求。

（12）HRP 外墙条板与基础的连接，应符合图 4-38 的构造要求。

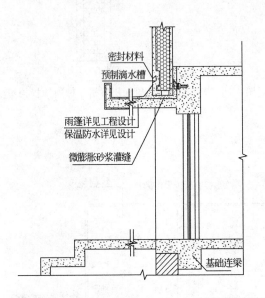

图 4-35　建筑物出入口连接构造

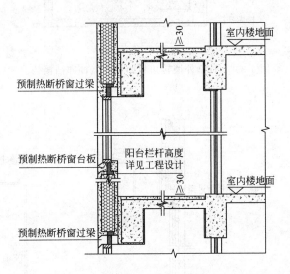

图 4-36　HRP 外墙条板与挑阳台连接构造

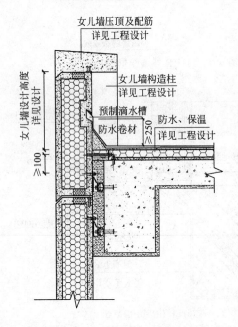

图 4-37　HRP 外墙条板与檐口连接构造

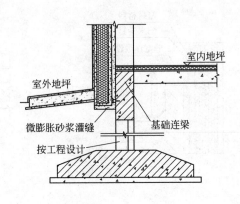

图 4-38　HRP 外墙条板与基础连接大样

4.4　HRP 外墙条板的抗弯性能

4.4.1　抗弯性能理论

对一种新型结构受力性能的研究主要通过试验研究和理论分析两个重要内容，其中理论分析往往是试验的基础。理论分析包括经典理论公式的推导及如今比较流行的有限元数值模拟分析，基于前人的相关理论从结构力学经典公式入手，去推导 HRP 外墙条板的挠度和抗弯承载力计算公式。

4.4.1.1　结构层分布

HRP 外墙条板主要是由内、外侧细石纤维混凝土面板和 EPS 聚苯板夹芯层构成的三结构层复合保温结构板，如图 4-39 所示。

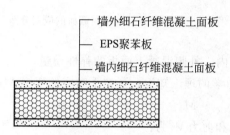

墙外细石纤维混凝土面板
EPS 聚苯板
墙内细石纤维混凝土面板

图 4-39　HRP 外墙条板的结构层分布图

实际在条板的结构布置中还有钢丝网和连接件的拉结，是可以保证三层结构层共同工作，抵抗外荷载的。但由于 EPS 聚苯板作为保温层材料，其弹性模型相对于混凝土较小，故往往在结构分析中不考虑其贡献。按照近似法的思想，在以下的理论分析中把装配式一体化外墙条板视为主要由内、外两层混凝土面组成，并且假定内、外两层面板能够协同工作抵抗外荷载，且变形协调，中间保温层利用变形与内力的函数关系，推出预制条板的变形与内力微分方程，最后通过条板边界及外荷载等条件，推导得到均布荷载作用下该预制条板挠度与承载力计算公式。

4.4.1.2　挠度计算

对预制条板的假定：预制条板两侧的细石纤维混凝土面板与中间的 EPS 聚苯板有良好的黏结面，不考虑其相对位移；将各层面板内的钢丝按等刚度原则转换成混凝土截面积，沿各面板厚度方向增加尺寸；整个条板的三个结构层在外荷载作用下能够作为一个整体协同工作。

根据图 4-40 及图 4-41 可知，该条板可以作为一个构件整体协同变形，即横截面的应变分布呈线性直线分布，它可以看作由 1、2、3 共同叠加而成，图 4-41 中 3 为中间保温层的应变图，由于其弹性模量较小，故可以不予考虑其抵抗荷载的贡献，仅考虑 1 和 2 的抗弯作用。那么 1、2 相应的抗弯刚度计算公式如下：

$$B_1 = E_1 I_{11} + E_2 I_{22} \tag{4-2}$$

$$B_2 = E_1 I_{10} + E_2 I_{20} \tag{4-3}$$

式中　I_{11}、I_{22}——分别为 1、2 对应的内、外侧面板对各自中性轴的惯性矩；

I_1、I_2——分别为 1、2 对应的内、外侧面板对墙板中性轴的惯性矩；

B_1、B_2——分别为 1、2 的抗弯刚度；

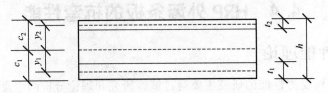

图 4-40　HRP 外墙条板横截面简图

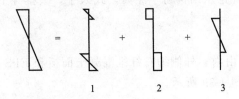

图 4-41　HRP 外墙条板横截面的应变分布

E_1、E_2——分别为内、外侧混凝土面板的弹性模量。

根据材料力学和结构力学的理论知识，可知 1 对应的弯矩 M_1 和剪力 V_1 为：

$$M_1 = -B_1 w' , V_1 = -B_1 w''$$

可知 2 对应的弯矩 M_2 和剪力 V_2 为：

$$M_2 = B_2 \gamma_2' = B_2 (\gamma_1' - w'') , V_2 = AG\gamma_1$$

假想的 1、2 部分为分别受力，实际上应变为同一截面上荷载作用下 1、2 共同的应力叠加，即作为整体构件抵抗外荷载，即：

$$M = M_1 + M_2 , V = V_1 + V_2 \tag{4-4}$$

把 M_1、V_1 和 M_2、V_2 带入上式得到了条板的变形协调方程：

$$V = AG\gamma_1 - B_1 w'''$$
$$M = B_2 (\gamma_1' - w'') - B_1 w''$$

式中　M_1、M_2——1、2 对应的弯矩值；

　　　V_1、V_2——1、2 对应的剪力值；

　　M、V、B——预制外墙条板的总弯矩、总剪力、总刚度；

　　γ、γ_1、γ_2——预制外墙条板的总应变、剪切应变、弯曲应变；

　　w、G、A——预制外墙条板的挠度、剪切模量、横截面积。

HRP 外墙条板作为围护结构，正常使用条件下主要承受自重和横向风荷载的作用，其中横向风荷载是直接导致墙板横向弯曲变形的原因，故研究其抗弯性能主要考虑的是风荷载作用。为简化计算，此处假定风荷载为横向均布面荷载，则该条板的计算简图为在均布风荷载 q 作用下的单跨简支梁，如图 4-42 所示。

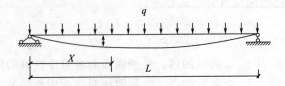

图 4-42　HRP 外墙条板的挠度计算简图

令 $\xi = \dfrac{x}{L}$，根据已知条件预制条板的两端边界为简支承及荷载作用形式为均布荷载，求解变形协调方程可得到条板的挠度计算公式：

$$w = \frac{qL^4 b}{B}\left[\frac{1}{24}\xi(1-2\xi^2+\zeta^3)+\frac{\xi(1-\xi)}{2ik^2}-\frac{\cosh\left(\dfrac{k}{2}\right)-\cosh\left[\dfrac{k(1-\xi)}{2}\right]}{\alpha k^4 \cosh\left(\dfrac{k}{2}\right)}\right] \quad (4\text{-}5)$$

其中，i、k 为计算参数：$i = \dfrac{B_1}{B_2}$，$k = \sqrt{\dfrac{1+i}{ij}}$。

令 $x = L/2$，即 $\xi = \dfrac{x}{L} = 0.5$ 时，可计算得到预制条板跨中挠度：

$$f = \frac{qL^4 b}{B}\left[\frac{5}{384}+\frac{1}{8ik^2}-\frac{\cosh\left(\dfrac{k}{2}\right)-1}{ik^4\cosh\left(\dfrac{k}{2}\right)}\right]$$

4.4.1.3　抗弯承载力计算

同样，仍沿用以上的假定和计算理论，预制条板横截面的应力分布等效于 1～3 部分的应力叠加，不考虑第 3 部分的抗弯贡献。在均布横向面荷载作用下，条板截面上 1、2 处的弯矩计算公式分别为：

$$M_1 = -B_1 w'' = \frac{qL^2 ib}{1+i}\left[\frac{\xi(1-\xi)}{2}+\frac{\cosh\dfrac{k}{2}-\cosh\dfrac{k(1-2\xi)}{2}}{ik^2\cosh\dfrac{k}{2}}\right]$$

$$M_2 = B_2\gamma_2' = B_2(\gamma_1'-w'') = \frac{qL^2 b}{1+i}\left[\frac{\xi(1-\xi)}{2}-\frac{\cosh\dfrac{k}{2}-\cosh\dfrac{k(1-2\xi)}{2}}{k^2\cosh\dfrac{k}{2}}\right]$$

HRP 外墙条板在截面尺寸及配筋均适当的情况下，它的受弯破坏形态假定与钢筋混凝土适筋梁的破坏相似，即它的抗弯承载能力由外侧面板混凝土的极限抗压强度控制，因此外侧面板边缘混凝土的压应力应满足下式的要求。

$$\sigma_{o2} = \frac{M_{o2}}{W_{o2}}+\frac{M_2}{eA_{o2}} = \frac{M_1 B_{o2}}{W_{o2}B_1}+\frac{M_2}{eA_{o2}} \leqslant f_{cu}$$

式中　σ_{o2}——预制条板外侧面板混凝土的压应力；

　　　f_{cu}——预制条板外侧面板混凝土的抗压强度；

　　　W_{o2}——预制条板外侧混凝土面板的截面抵抗矩，$W_{o2} = 2I_{o2}/t_2$；

　　　A_{o2}——预制条板外侧混凝土面板的横截面积；

　　　B_{o2}——预制条板外侧混凝土面板的刚度。

将 M_1 和 M_2 公式代入上式整理后得到 HRP 外墙条板在均布横向荷载作用下的承载力 $[q]$，

$$[q] = \frac{f_{cu}}{\dfrac{bL^2}{eA_{o2}}(\alpha-\beta)+\dfrac{bL^2}{W_{o2}}(\alpha i+\beta)\dfrac{B_{o2}}{B_1}}$$

式中，α、β 为计算参数，$\alpha = \dfrac{\xi(1-\xi)}{2(1+i)}$，$\beta = \dfrac{\cosh\dfrac{k}{2} - \cosh\dfrac{k(1-2\xi)}{2}}{(1+i)k^2\cosh\dfrac{k}{2}}$。

令 $x = \dfrac{L}{2}$，即 $\xi = 0.5$，则 $\alpha = \dfrac{1}{8(1+i)}$，$\beta = \dfrac{[(e^{\frac{k}{2}} + e^{-\frac{k}{2}})/2] - 1}{(1+i)k^2\,(e^{\frac{k}{2}} + e^{-\frac{k}{2}})/2}$。

4.4.1.4 工程实用公式推导

以上是按照材料、结构力学原理推导的简支复合墙板挠度、承载力计算理论公式，由公式可知其计算过程是比较繁琐的，不符合工程用公式的实用性、简便性特点。根据 HRP 外墙条板的构造特点，进一步简化上述挠度及承载力计算公式。

为了 HRP 外墙条板能在工厂中标准化大规模生产，在研发设计时力求条板尽量少规格，特别是其构造力求统一，如墙板内、外两侧的混凝土面板的材料、厚度均相同。那么对于这种标准化程度比较高的 HRP 外墙条板，其工程实用挠度及承载力计算公式便可进一步简化。

假设该外墙条板中内、外两侧混凝土面板的厚度均为 t，中性轴的距离为 l，如图 4-43。则上述公式中的计算参数可简化为：

$$\alpha = \frac{1}{8(1+i)}, i = \frac{B_1}{B_2} = \frac{E_1 I_1 + E_2 I_2}{l^2\dfrac{E_1 A_1 E_2 A_2}{E_1 A_1 + E_2 A_2}} = \frac{t^2}{3l^2}$$

$$k^2 = \frac{1+i}{ij} = \frac{(1+i)AGL^2}{B_1} = (1+i)\frac{6AGL^2}{bt^3 E_1} = (1+i)\frac{6GL^2 l}{E_1 t^3}$$

图 4-43　等厚度面板的条板横截面

当预制条板长度为 $L = 3000\text{mm}$，面板中间 EPS 保温层厚度分别为 100mm、120mm，G 取 2.4MPa，当条板两侧的混凝土面板厚度 t 作为改变参量时，计算参数 α、$\dfrac{1}{k^2}$ 的变化规律曲线，如图 4-44、图 4-45 所示。

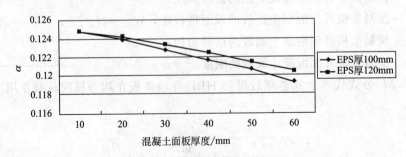

图 4-44　α 随混凝土面板厚度变化曲线

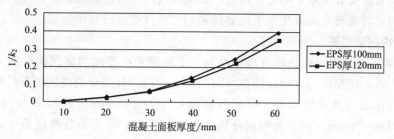

图 4-45　k^2 随混凝土面板厚度变化曲线

根据图中 α、$1/k^2$ 的变化规律，可确定 α、β 的简化计算式：

$$\alpha = \frac{1}{8(1+i)} \approx \frac{1}{8}, \frac{1}{8} - \frac{1}{k^2} \approx \frac{1}{8}$$

$$\beta = \frac{(e^{\frac{k}{2}} + e^{-\frac{k}{2}})/2 - 1}{(1+i)k^2 (e^{\frac{k}{2}} + e^{-\frac{k}{2}})/2} \approx \frac{1}{k^2}$$

因等厚度面板的墙板中：$A_{o1} = A_{o2} = bt$，$\dfrac{B_{o2}}{B_1} = \dfrac{1}{2}$，故可将 HRP 外墙条板抗弯承载力计算公式进行简化：

$$\frac{f_{cu}}{\dfrac{bL^2}{eA_{o2}}(\alpha - \beta) + \dfrac{bL^2}{W_{o2}}(\alpha i + \beta)\dfrac{B_{o2}}{B_1}} \approx \frac{f_{cu}}{\dfrac{L^2}{8tl} + \dfrac{3L^2}{t^3}\left(\dfrac{i}{8} + \dfrac{1}{k^2}\right)}$$

又因 $i = \dfrac{t^2}{3l^2}$，$k^2 = \dfrac{6GL^2 l}{E_1 t^3}$，带入上式，整理得到横向均布荷载作用下预制条板的工程实用承载力计算公式：

$$[q] = \frac{f_{cu}}{\dfrac{L^2}{8tl} + \dfrac{L^2}{8l^2} + \dfrac{E_1 t}{2Gl}}$$

在推导过程中，计算参数 α、β 的简化计算值是偏大的，故简化后的上式右边的 $[q]$ 计算值比实际值偏小，即计算的承载力是安全的，符合工程用公式的特点和要求。

为简化该一体化 HRP 外墙条板的挠度计算公式，对式中的参数进行化简计算：

$$\frac{\cosh\left(\dfrac{k}{2}\right) - 1}{\cosh\left(\dfrac{k}{2}\right)} = \frac{(e^{\frac{k}{2}} - e^{-\frac{k}{2}})/2 - 1}{(e^{\frac{k}{2}} - e^{-\frac{k}{2}})/2} \approx 1$$

联立公式，整理得到了采用相同材料且等厚度面板的预制条板在横向均布荷载作用下跨中挠度简化计算公式：

$$f = \frac{qL^4 b}{B}\left(\frac{5}{384} + \frac{E_1 tl}{16GL^2}\right)$$

其中，条板的刚度 $B = E_1 bt^3/6 + E_1 btl^2/2$。按上式计算的挠度偏大，即挠度简化计算公式偏于安全，满足工程实用要求。

4.4.2　抗弯性能有限元分析

采用 ABAQUS 软件建立 HRP 外墙条板进行抗弯性能研究的标准板有限元分析模型，

125

模拟墙板在均布面荷载作用下的受力过程，研究墙板的抗弯性能和破坏机理，并结合各种抗弯刚度影响因素对墙板在荷载作用下的整体协同工作性能进行分析。

4.4.2.1 结构布置详图

HRP外墙条板是由斜插热断桥连接件与上下两层正交正放的高强钢丝网形成空间受力骨架，中间夹以一定厚度的保温、隔热材料为芯材，内、外侧分别浇筑细石纤维混凝土面层而构成的复合保温外墙条板结构。标准板模型尺寸为 $3000mm \times 600mm \times 180mm$，其中，EPS保温层厚度120mm，内、外两层分别浇注30mm厚C40细石纤维混凝土面板，水平正交正放的钢丝网取 $\phi2@50$ 高强钢丝，斜插的热断桥连接件取 $\phi1@100$，HRP外墙条板具体的结构布置见图4-46～图4-49。

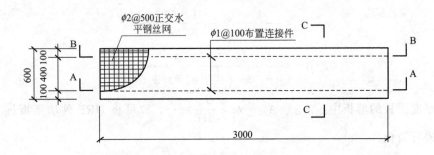

图 4-46 HRP外墙条板的结构平面布置

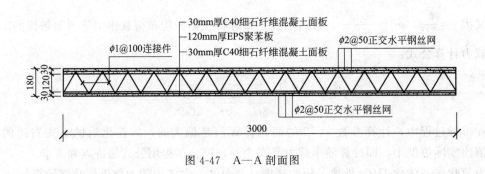

图 4-47 A—A 剖面图

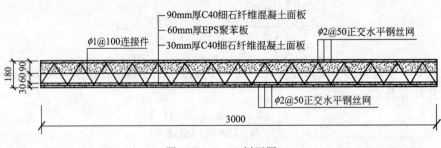

图 4-48 B—B 剖面图

正常使用条件下，HRP外墙条板作为围护结构，主要承受自重及风荷载作用；根据墙板的连接构造，外挂于（或用螺栓连接）于框架梁、柱上，故有限元模拟时将条板模型的支承形式简化为两端简支板，符合实际支承情况，支座宽度取200mm，如图4-50。

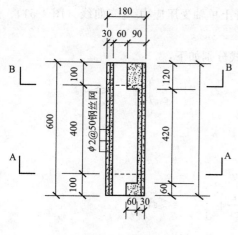

图 4-49　C—C 剖面图

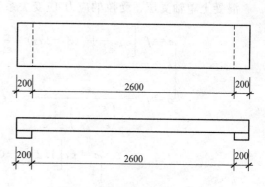

图 4-50　墙板支承形式示意图

4.4.2.2　ABAQUS 建模假定

①平截面假定，即构件从受力到破坏，截面始终保持为一个平面，应变分布为直线；②不考虑预制条板中各层结合面的相对滑移；③细石纤维混凝土、高强钢丝及热断桥连接件均按照各向同性材料处理；④假定高强钢丝网片与细石纤维混凝土具有良好的黏结力，即不考虑钢丝与面板之间的相对滑移变形；⑤不考虑温度、湿度等变化引起的应力、应变改变。

4.4.2.3　材料本构模型及性能参数

本构关系，即应力张量与应变张量的关系。一般地，指将描述连续介质变形的参量与描述内力的参量联系起来的一组关系式，又称本构方程。本质上说，就是物理关系，它是结构或者材料的宏观力学性能的综合反映。为了确定物体在外力作用下的响应，必须知道构成物体的材料所适用的本构关系，它对有限元分析结果有非常重要的影响。

HRP 外墙条板模型的结构部分主要由混凝土面板、EPS 聚苯板、钢丝、连接件等材料组成。上部混凝土面板受压，下部混凝土面板受拉，聚苯板、钢丝、连接件也处于拉、压或受剪切状态，故选择各材料的本构模型必须反映出其受拉、压或受剪切的特性。

（1）混凝土的本构模型　考虑到混凝土材料的复杂性特点，HRP 外墙条板的面板混凝土本构模型采用 ABAQUS 软件提供的混凝土损伤塑性模型中的塑性模型部分，它假定混凝土材料主要因拉伸开裂和压缩压碎而破坏。因而该模型可来模拟条板中内、外侧细石纤维混凝土面板在均布面荷载作用下的力学行为。

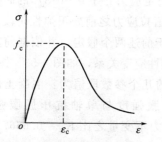

图 4-51　单轴受压应力-应变关系

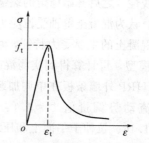

图 4-52　单轴受拉应力-应变关系

127

① 单轴应力应变关系。对于混凝土单轴受压及受拉应力-应变关系均参考过镇海教授提出的用于混凝土结构全过程受力性能分析时的混凝土单轴受压应力-应变曲线（图 4-51）、受拉应力-应变全曲线（图 4-52）。

混凝土单轴受压、受拉的应力-应变关系表达式分别如下：

$$\begin{cases} \sigma = f_c \left[\alpha_a \dfrac{\varepsilon}{\varepsilon_c} + (3 - 2\alpha_a) \left(\dfrac{\varepsilon}{\varepsilon_c} \right)^2 + (\alpha_a - 2) \left(\dfrac{\varepsilon}{\varepsilon_c} \right)^3 \right] & \varepsilon \leqslant \varepsilon_c \\[4mm] \sigma = f_c \dfrac{\dfrac{\varepsilon}{\varepsilon_c}}{\alpha_d \left(\dfrac{\varepsilon}{\varepsilon_c} - 1 \right)^2 + \dfrac{\varepsilon}{\varepsilon_c}} & \varepsilon \geqslant \varepsilon_c \end{cases}$$

$$\begin{cases} \sigma = f_t \left[1.2 \dfrac{\varepsilon}{\varepsilon_t} - 0.2 \left(\dfrac{\varepsilon}{\varepsilon_t} \right)^6 \right] & \varepsilon \leqslant \varepsilon_t \\[4mm] \sigma = f_t \dfrac{\dfrac{\varepsilon}{\varepsilon_t}}{\alpha_t \left(\dfrac{\varepsilon}{\varepsilon_t} - 1 \right)^{1.7} + \dfrac{\varepsilon}{\varepsilon_t}} & \varepsilon \geqslant \varepsilon_t \end{cases}$$

以上两式中：f_c、f_t 分别为混凝土的单轴抗压、抗拉强度（N/m^2）；ε_c、ε_t 分别为与 f_c、f_t 相应的混凝土峰值压、拉应变；α_a、α_d 分别为单轴受压应力-应变曲线上升段、下降段的参数；α_t 为混凝土单轴受拉下降段参数。

② 多轴应力-应变关系。考虑材料损伤的混凝土多轴应力-应变关系可表示为：

$$\sigma = (1 - d) D_0^{el} : (\varepsilon - \varepsilon^p) \tag{4-6}$$

式中 σ——混凝土的应力张量；

    d——损伤变量，如果不定义损伤，即当 $d = 0$ 时，混凝土本构模型为塑性模型；

    D_0^{el}——材料的初始弹性张量；ε 为混凝土的总应变张量；

    ε^p——混凝土的塑性应变张量。

③ 屈服条件。屈服条件采用由 Lublinear 等人提出并由 Lee 和 Fenves 修正的表达式，该表达式考虑了在拉伸和压缩作用下材料具有不同的强度特征，如下式：

$$F = \frac{1}{1 - \alpha} (\overline{q} - 3\alpha \overline{p} + \beta \langle \widetilde{\sigma}_{max} \rangle - \gamma \langle -\widetilde{\sigma}_{max} \rangle) - \overline{\sigma}_c = 0 \tag{4-7}$$

式中，$\alpha = \dfrac{(\sigma_{b0}/\sigma_{c0}) - 1}{2(\sigma_{b0}/\sigma_{c0}) - 1}$；$\beta = \dfrac{\overline{\sigma}_c}{\overline{\sigma}_t}(1 - \alpha) - (1 + \alpha)$；$\gamma = \dfrac{3(1 - K_c)}{2K_c - 1}$

④ 计算参数。ABAQUS 中混凝土损伤塑性模型中的单轴拉压的本构关系须按应力-塑性应变的格式输入。从单轴受压应力-应变曲线可以看出，当受压应力小于 $0.3f_c$ 时，应力-应变曲线基本呈线性，之后开始稳定的裂缝扩展阶段，因而可假定应力介于 $0 \sim 0.3f_c$ 的曲线为弹性段；同时，认为混凝土单轴受拉应力-应变曲线在达到峰值拉应力之前处于弹性阶段，这种假定能抓住混凝土的主要受力特征，可认为是合理的。基于前述两个假定，并依据前文单轴混凝土本构模型，可计算得到实测混凝土强度下的应力-塑性应变关系，如图 4-53、图 4-54。

对于 HRP 外墙条板在单调加载的情况下，混凝土的几个参数取值为：混凝土的膨胀角 $\psi = 36°$、流动势偏量值 $\zeta = 0.1$、初始的双轴抗压屈服强度与单轴抗压屈服强度之比 $\sigma_{b0}/\sigma_{c0} = 1.16$、拉伸子午面上和压缩子午面上的第二应力不变量之比 $K_c = 0.6667$、黏性系数 $\mu = 0.0005$。

128

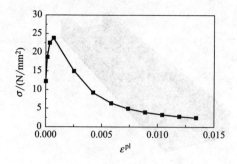

图 4-53　单轴受压应力-塑性应变

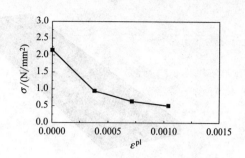

图 4-54　单轴受拉应力-塑性应变

（2）钢丝的本构关系　HRP 外墙条板采用的高强钢丝为冷拔低碳钢丝，其应力应变关系呈非线性变化，没有明显的屈服点，当钢丝拉伸超过残余应变的 0.2% 后，应变增加较快，当拉伸至最大应力时，应变继续发展，在 σ-ε 曲线上呈现为一水平段，然后断裂。故钢丝的本构关系采用了无明显屈服点的应力-应变曲线关系，如图 4-55。HRP 外墙条板采用的 $\phi 2@50\text{mm}$ 的高强钢丝网，在有限元软件中实现钢丝的 σ-ε 关系，见图 4-56。

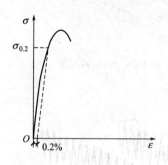

图 4-55　高强钢丝的 σ-ε 关系

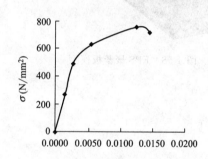

图 4-56　钢丝网 σ-ε 关系

（3）热断桥连接件的本构模型　热断桥连接件采用理想弹塑性本构模型，即当 $\varepsilon \leqslant \varepsilon_{ep}$ 时，$\sigma = E\varepsilon$；当 $\varepsilon > \varepsilon_{ep}$ 时，$\sigma = f_y$。

（4）EPS 聚苯板的本构模型　不同密度的 EPS 聚苯板在单轴压缩条件下应力-应变曲线均呈现出先直（线弹性阶段）后曲（弹塑性过渡及塑性阶段）的形状，因此在建立应力、应变及材料密度间的本构关系 $f(\sigma) = f(\rho, \varepsilon)$ 时可以考虑采用分段函数的形式。

当 EPS 处于线弹性阶段时，应力-应变曲线满足线性关系：即 $\varepsilon \leqslant \varepsilon_{ep}$，$\sigma = E\varepsilon$。

当 EPS 块体处于弹塑性过渡及塑性阶段时，应力-应变曲线满足双对数曲线关系：即 $\varepsilon > \varepsilon_{ep}$，$l_n\sigma = 0.05\rho + 0.30 l_n\varepsilon + 4.381$。

4.4.2.4　有限元模型实现

根据 HRP 外墙条板的构造特点建立有限元模型，主要从单元选取、网格划分、边界条件、加载方案等方面进行选择和设置，来实现该条板有限元模型的建立。

（1）有限元单元选取　根据各材料的性能特点及 ABAQUS 软件各单元的特性，混凝土和 EPS 聚苯板的模型有限元选用 8 节点 3 维实体单元 C3D8R，模型分别如图 4-57、图 4-58 所示；钢丝和热断桥连接件选用 2 节点线单元，其有限元模型分别如图 4-59、图 4-60 所示。

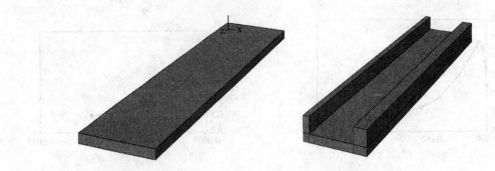

图 4-57　混凝土面板模型

图 4-58　EPS 聚苯板模型　　　　　　　　　　图 4-59　钢丝网模型

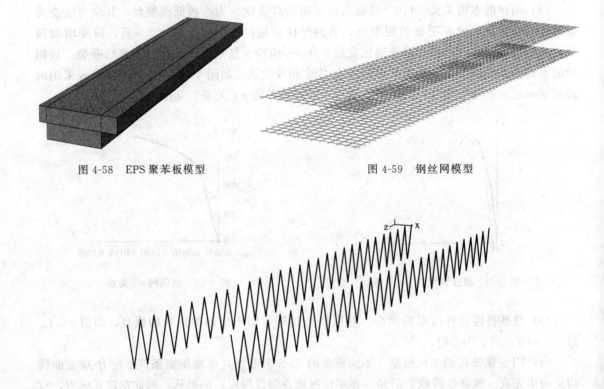

图 4-60　连接件模型

　　（2）网格划分　钢丝网片的布置间距为 50mm，连接件的布置间距为 100mm，混凝土面板单元尺寸选择 50mm，这样混凝土单元的节点便可作为钢丝网的焊接节点及连接件的连接点，实现了混凝土、钢丝、连接件三者共用节点，便于模型的实现。各部分划分单元后如图 4-61。

　　（3）边界条件　根据预制条板与主体结构连接构造，在其有限元模型两端部施加简支约束。

　　（4）加载方案　在条板的有限元模型外侧混凝土面板上施加横向均布面荷载，来模拟条板在正常使用条件下承受的风荷载，模拟时荷载控制采用力控制荷载，加载的方式是采用逐步增加荷载直至有限元模型失效为其加载的方法。

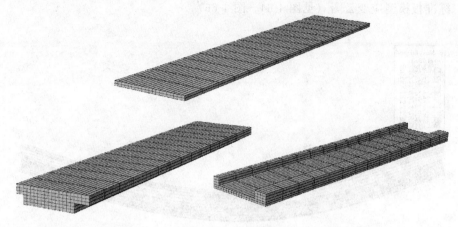

图 4-61　网格划分

　　按照以上各步骤进行有限元命令的操作，便建立了该预制条板的有限元模型并施加荷载，如图 4-62。

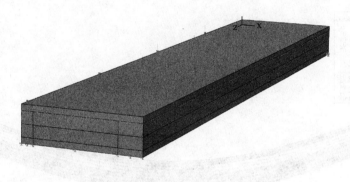

图 4-62　HRP 外墙条板的有限元模型

4.4.3　有限元模拟结果与数据分析

4.4.3.1　模拟结果

（1）标准板模型挠度云图（图 4-63）

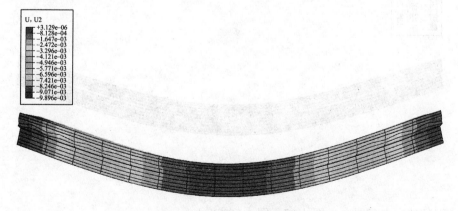

图 4-63　标准板的挠度云图

131

（2）标准板模型应变云图（见图 4-64～图 4-66）

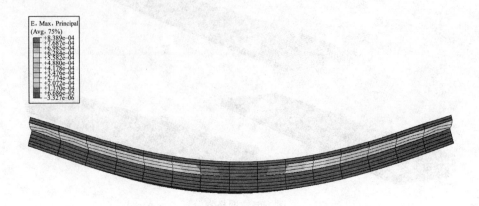

图 4-64　1kN/m² 时标准板的应变云图

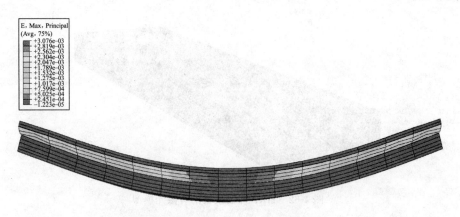

图 4-65　3kN/m² 时标准板的应变云图

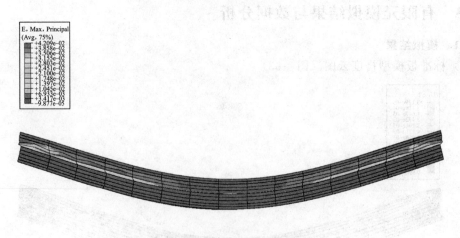

图 4-66　8kN/m² 时标准板的应变云图

（3）钢丝的应力云图（见图 4-67～图 4-69）

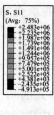
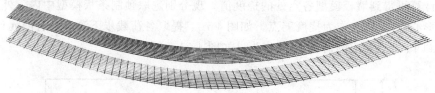

图 4-67　1kN/m² 时钢丝网片的应力云图

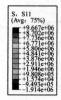
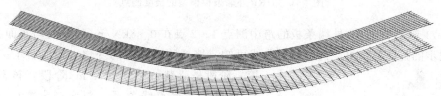

图 4-68　3kN/m² 时钢丝网片的应力云图

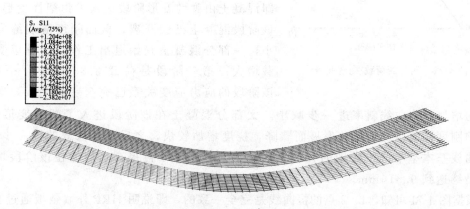

图 4-69　8kN/m² 时钢丝网片的应力云图

（4）综合分析　HRP 外墙条板模型在均布荷载作用下的破坏模式为板两端靠近支座处 EPS 板的剪切破坏，极限状态下钢丝网片未受拉屈服。条板在弹性阶段的承受的最大均布荷载值为 3.83kN/m²，极限承载力为 8.01kN/m²。因连接件的连接作用，上下板具有较好的协同工作效果，作用荷载相同时，跨中板顶和板底挠度相差很小。

4.4.3.2　挠度分析

通过对荷载的设置，可实现对 HRP 外墙条板的有限元模型施加阶梯式的均布面荷载，经有限元计算可得到墙板模型各点处的挠度值。现分别选取预制条板模型中内、外两侧混凝土板面的形心点 1、2 点作为挠度测点，如图 4-70。提取各荷载步下测点的有限元计算挠度，可绘制得到 1、2 点相应的荷载-挠度曲线，如图 4-71。

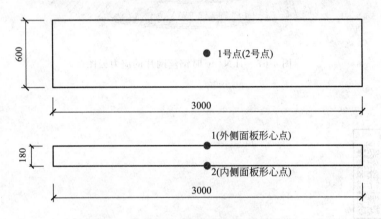

图 4-70　HRP 外墙条板模型的挠度测点

图 4-71 给出了 HRP 外墙条板的跨中测点 1、2 点在 0～8kN/m² 的横向均布面荷载作用下各荷载步的挠度值，由该挠度变形曲线可知，墙板跨中挠度的变化大致经历了三个阶段：

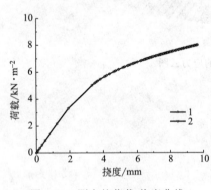

图 4-71　测点的荷载-挠度曲线

第一阶段是荷载 0～2.0kN/m² 阶段，该阶段的荷载-挠度关系呈直线关系，斜率较大，此时混凝土正处在线弹性变形阶段，该阶段混凝土没有开裂，混凝土和钢丝共同承受荷载；第二阶段是荷载 2.0～3.83kN/m² 阶段，该阶段条板的荷载-挠度关系大体由直线关系开始变为曲线，斜率减小，即混凝土由弹性变形阶段进入了弹塑性变形阶段，该阶段混凝土已经开裂，截面刚度随裂缝发展变小，一部分混凝土开始退出工作，钢丝承受的荷载增大；第三阶段是荷载 3.83～8kN/m² 阶段，该阶段的应力应变关系已完全变为曲线，即随着荷载的增加，挠曲线斜率进一步减小，大部分混凝土在该阶段进入了塑性变形阶段，截面的刚度随着裂缝的迅速发展而骤降，挠度增加较快，之后随着荷载的进一步增加，挠度曲线基本呈平行于横轴的直线发展，承载力基本不再提高，挠度在该阶段增加最快，最终达到 9.816mm。

根据图 4-71 可知，1、2 点的挠曲线是完全一致的，即说明 HRP 外墙条板通过合理的结构布置能保证内、外侧混凝土面板协调变形，墙板的抗弯性能较好。

4.4.3.3　混凝土面板应变分析

通过对荷载的设置，可实现 HRP 外墙条板的有限元模型施加阶梯式的均布面荷载，经有限元计算可得到墙板模型各点处的应变值。选取墙板模型中外侧混凝土面板的形心点——1 号点和长边跨中点——3 号点作为混凝土应变测点，如图 4-72 所示。提取有限元计算的测点应变数据后，可绘制得到混凝土面板测点 1、2 点的荷载-应变曲线，如图 4-73 所示。

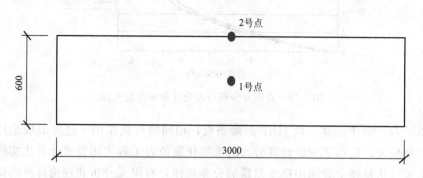

图 4-72　HRP 外墙条板模型的应变测点

图 4-73 是 HRP 外墙条板的跨中测点 1、2 点在 0～8kN/m² 的横向均布面荷载作用下各荷载步的应变值，该荷载-应变曲线的发展规律与墙板的挠曲线规律基本是对应的。由图可知，混凝土面板的压应变变化大致也经历了三个阶段：第一阶段是荷载 0～2.0kN/m² 阶段，该阶段的荷载-应变关系呈直线关系，该阶段混凝土的压应变最大达到 $252\mu\varepsilon$，即阶段混凝土处在弹性变形阶段，该阶段混凝土没有开裂；第二阶段是荷载 2.0～3.83kN/m² 阶段，该阶段条板的荷载-应变关系大部分为直线关系，后期开始由直线变为曲线关系，直线部分的斜率与第一阶段相比减小，该阶段混凝土的压应变最大达到 $526\mu\varepsilon$，即混凝土由弹性变形阶段开始进入了弹塑性变形阶段；

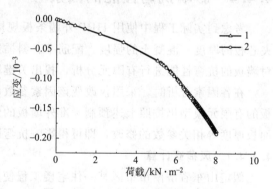

图 4-73　1、2 测点的荷载-应变曲线

第三阶段是荷载 3.83～8.0kN/m² 阶段，该阶段的混凝土的荷载-应变关系曲线曲率即随着荷载的增加而增大，切线斜率进一步减小，大部分混凝土在该阶段进入了塑性变形阶段，截面的刚度随着裂缝的迅速发展而骤降，应变随着增加较快，之后随着荷载的进一步增加，荷载-应变曲线的切线大体向呈平行于竖轴的直线发展，承载力基本不再提高，应变在该阶段增加最快，最终达到 $2000\mu\varepsilon$。

根据图 4-73 可知，1、2 点的荷载-应变曲线是基本一致的，即说明 HRP 外墙条板的混凝土面板上同一个横截面上的混凝土应变是一致的，不会因为连接件的斜向布置而发生应变不均匀或应变滞后的现象。

4.4.3.4　与理论公式的计算结果对比分析

通过前面的有限元模拟，得到了 HRP 外墙条板的挠曲线及应变曲线，并根据曲线分析了墙板在均布荷载作用下的变形特征。为了验证有限元计算的准确性，将其与理论公式的计算结果进行对比分析。运用公式算与有限元模型一致的 HRP 外墙条板在相应 $0\sim8kN/m^2$ 荷载作用下的挠度理论计算值，并与相对应分析值一起绘制挠曲线对比图，如图 4-74。

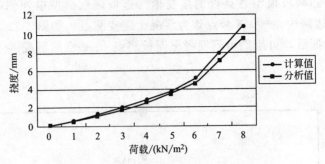

图 4-74　有限元分析与理论计算对比挠曲线

观察图 4-74，对于同样一块 HRP 外墙条板，相同的荷载作用下挠度的理论计算值比有限元分析结果偏大，是由于理论计算公式的推导化简使得工程实用公式计算比实际值大，偏于保守的结果。从整体上看图中挠度曲线的分布规律，有限元分析和理论计算的挠度曲线大体上是吻合的，说明建立的预制条板有限元模型是完全可以准确模拟实际墙板受荷变形过程的。

4.4.4　影响抗弯性能的因素

考虑到实际工程中使用 HRP 外墙条板规格尺寸的差异，结合混凝土面板的厚度、EPS 夹芯板的厚度、混凝土的强度、配筋率、斜插连接件角度不同等影响墙板抗弯刚度的因素，对墙板的抗弯性能进行有限元分析，找出关键影响因素。

在各因素分析时，采用仅改变该因素参数，其余各因素不变的方式进行建模和分析。条板的有限元模型仍按照上述预制标准外墙板的建模方法，通过将以上标准板的有限元模型中面板厚度等相关参数的修改，即可得影响抗弯刚度的各因素相关墙板模型。

4.4.4.1　风荷载计算

假定山东省济南市市区某一住宅楼工程使用了 HRP 外墙条板的标准板，采用钢筋混凝土框架结构，层高 3.0m，总共 30 层，设计使用年限 50 年。

标准板的规格是长×宽×厚＝3000mm×600mm×180mm，板厚取 180mm，其中 EPS 保温层厚度 120mm，内、外两侧细石纤维混凝土面板厚度均为 30mm，其结构布置如图 4-75。

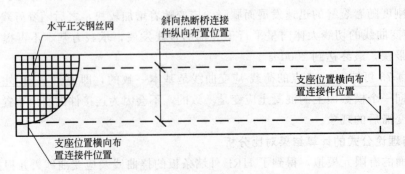

图 4-75　标准板结构布置图

HRP 外墙条板作为围护结构，主要承受自重及横向风荷载作用。对于其抗弯承载力仅考虑风荷载的影响。该住宅采用框架结构，总高达到 90m，其使用的条板承受的风荷载随高度是不断变化的，在最高层 90m 范围内的条板受到的风荷载最大，为了计算简便，统一取作用在 90m 高度范围的墙板受的风荷载，且按照风荷载均布作用在外侧混凝土面板上考虑。

计算垂直围护结构表面风荷载标准值应按照式（4-8）进行：

$$\omega_{\mathrm{k}} = \beta_{\mathrm{gz}}\mu_{\mathrm{s1}}\mu_z\omega_0 \tag{4-8}$$

式中　ω_{k}——风荷载标准值，kN/m^2；

β_{gz}——高度 z 处的风振系数；

μ_{s1}——风荷载体型系数；

μ_z——风压高度变化系数；

ω_0——基本风压，kN/m^2。

查《建筑结构荷载规范》（GB 50009—2012）确定 β_{gz} 为 1.71，μ_z 为 1.43，μ_{s1} 为 −1.0，$\omega_0 = 0.45 kN/m^2$。

综合以上各参数，带入公式计算 ω_{k}，得到：

$\omega_{\mathrm{k}} = \beta_{\mathrm{gz}}\mu_{\mathrm{s1}}\mu_z\omega_0 = 1.71 \times 1.0 \times 1.43 \times 0.45 = 1.1 kN/m^2$。

4.4.4.2　细石纤维混凝土强度等级的影响

通过改变混凝土单元的抗压强度等力学性能参数得到细石纤维混凝土强度等级对 HRP 外墙条板抗弯性能的影响。加载模拟时荷载值仍取 $1.10 kN/m^2$ 来模拟横向均布风荷载作用，经有限元计算可得到采用不同混凝土强度等级的标准板有限元模型上 1、2 测点细石纤维混凝土强度等级变化与挠度关系的曲线，如图 4-76 所示；标准板模型上 1、2 测点细石纤维混凝土强度等级变化与测点应变关系的曲线，如图 4-77 所示。

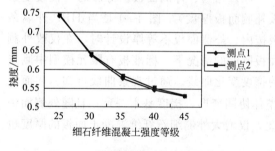

图 4-76　混凝土强度-挠度关系曲线

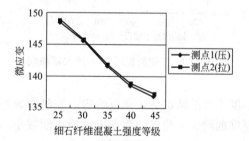

图 4-77　混凝土强度-应变关系曲线

图 4-76、图 4-77 分别是在仅改变细石纤维混凝土强度等级的情况下，标准板模型测点的挠度变化、应变变化曲线。通过观察曲线可知：在细石纤维混凝土强度等级变化过程中，预制条板的内、外侧面板能够在连接件的拉结下保持较好的协调变形性能；随着细石纤维混凝土强度的提高，测点的挠度和应变值均逐渐递减，因此，适当增大细石纤维混凝土的强度可有效提高该条板的抗弯承载力；但随着强度的提高增加趋势是逐渐减弱的。据图可知，该规格的一体化条板当采用 C35 左右的混凝土时，1、2 点的应变吻合效果最好，故设计时选择 C35、C40 强度等级比较合适。

4.4.4.3　细石纤维混凝土面层厚度的影响

两侧细石纤维混凝上面板厚度对 HRP 外墙条板抗弯性能的影响，通过改变细石纤维混凝土面板厚度得到相应的标准板板有限元模型，加载模拟时荷载值取 $1.10 kN/m^2$ 来模拟均布风荷载作用，经有限元计算可得到采用不同厚度面板的标准板有限元模型上测点——1、2点面板厚度变化与挠度关系曲线，如图4-78；标准板模型上混凝土应变测点——1、2点的混凝土面板厚度变化与应变关系曲线，如图4-79。

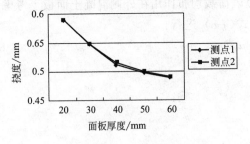

图4-78　面板厚度-挠度关系曲线

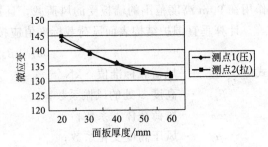

图4-79　面板厚度-应变关系曲线

（1）当内、外侧面板等厚时　图4-78与图4-79分别是当HRP外墙条板的内、外侧面板按等厚设计时，在仅改面板厚度的情况下，标准板有限元模型中测点的挠度变化、应变变化曲线。观察曲线可知：在面板厚度变化过程中，条板的内、外侧面板均能保持较好的协调变形性能，挠度、应变基本一致；随面板厚度的增大，测点的挠度和应变值均逐渐递减，因此，增大细石纤维混凝土面板的厚度可有效提高该条板的抗弯承载力；由图4-79可知，在

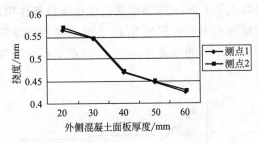

图4-80　外侧面板厚度-挠度关系曲线

面板厚度为30～40mm时，内外面板的协调变形及应变吻合程度最高，故该规格的HRP外墙条板在结构设计时选用厚度为30～40mm的混凝土面板最合适。

（2）当内、外侧面板不等厚时（仅改变条板外侧面板厚度）　图4-80是当HRP外墙条板按内、外侧面板不等厚设计时，在仅改外侧面板厚度的情况下，标准板有限元模型中测点的挠度变化曲线。通过观察曲线可知：在面板

厚度不等的情况下，条板的内、外侧面板仍能整体协同变形，挠度基本一致；且随外侧面板厚度的增大，测点的挠度值也均逐渐减小，因此，仅增大外侧细石纤维混凝土面板的厚度也可有效提高该条板的抗弯承载力。

4.4.4.4　钢丝配筋率的影响

改变钢丝直径的方式实现配筋率的差异。加载模拟时荷载值仍取1.10kN/m²来模拟横向均布风荷载作用，经有限元计算可得到采用不同钢丝配筋率的标准板有限元模型上测点——1、2点有关配筋率变化与挠度关系的曲线，如图4-81；也可得到标准板模型上混凝土应变测点——1、2点的有关配筋率变化与测点应变关系的曲线，如图4-82。

图4-81、图4-82分别是当HRP外墙条板中面板的配筋率（直径）不同时，标准板有限元模型中测点的挠度变化、应变变化曲线。通过观察曲线可知：在仅改变配筋率（直径）的情况下，条板的内、外侧面板仍能整体协同变形，挠度、应变大体是一致的；随钢丝直径（配筋率）的增大，测点的挠度和应变值均逐渐递减减小，因此增大配筋率对提高该条板的抗弯承载力是效果显著的；由图4-82可知，当钢丝直径在2～3mm时内外侧面板的跨中应变值吻合程度最高，即整体抗弯性能最佳，故该规格的一体化预制条板结构设计时，若按间

距 50mm 布置钢丝网, 选用钢丝直径为 2mm 或 3mm 时最合适。

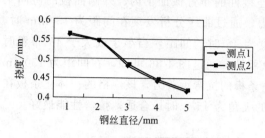

图 4-81　条板配筋率-挠度关系曲线

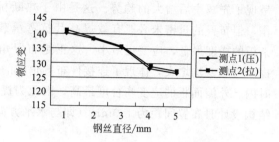

图 4-82　条板配筋率-应变关系曲线

4.4.4.5　EPS 夹芯板厚度的影响

通过改变 EPS 夹芯板厚度得到相应的预制条板有限元模型, 得到 EPS 夹芯板厚度对 HRP 外墙条板抗弯性能的影响, 加载模拟时荷载值仍取 $1.10kN/m^2$ 来模拟横向均布风荷载作用, 经有限元计算可得到采用不同厚度 EPS 夹芯板的标准板有限元模型上测点——1、2 点有关 EPS 夹芯板厚度变化与挠度关系的曲线, 如图 4-83 所示; 也可得到标准板模型上混凝土应变测点——1、2 点的有关 EPS 夹芯板厚度变化与测点应变关系的曲线, 如图 4-84。

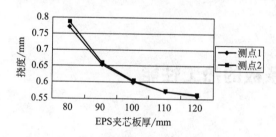

图 4-83　EPS 板厚-挠度关系曲线

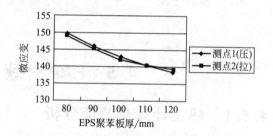

图 4-84　EPS 板厚-应变关系曲线

图 4-83、图 4-84 分别是当 HRP 外墙条板中 EPS 夹芯板厚度不同时, 标准板有限元模型中测点的挠度变化、应变变化曲线。通过观察曲线可知: 在仅改变 EPS 夹芯板的情况下, 条板的内、外侧面板能保持整体协同变形, 具有较好的抗弯性能; 随 EPS 夹芯层厚度的增大, 一体化条板的抗弯刚度增加, 测点的挠度和应变值均逐渐递减, 故设计时适当加大 EPS 夹芯板厚度, 在提高保温性能的同时也提高了该条板的抗弯承载力; 由图 4-84 可知, 当 EPS 保温板的厚度在 (110±5)mm 范围内时, 墙板的内、外侧面板的跨中应变值吻合程度最高, 即墙板的整体抗弯性能最好, 故该规格的一体化预制条板结构设计时, 若选用 EPS 保温层的厚度为 (110±5)mm 时最合适。

4.4.4.6　热断桥连接件布置间距的影响

改变连接件布置间距的方式实现标准板有限元模型的差异, 验证热断桥连接件对 HRP 外墙条板抗弯性能的影响加载模拟时荷载值仍取 $1.10kN/m^2$ 来模拟横向均布风荷载作用, 经有限元计算可得到采用连接件不同布置间距的标准板有限元模型上测点——1、2 点有关间距变化与挠度关系的曲线, 如图 4-85; 也可得到标准板模型上混凝土应变测点——1、2 点的有关间距变化与测点应变关系的曲线, 如图 4-86。

图 4-85、图 4-86 分别是当 HRP 外墙条板中热断桥连接件的间距布置改变时, 标准板有限元模型中测点的挠度变化、应变变化曲线。通过观察曲线可知: 在仅改变连接件布置间距

的情况下，条板的内、外侧面板仍能保持较好的整体协同变形性能，但随着间距增大，挠度呈现了先减小后增大的趋势。这是由于热断桥连接件的布置保证了内、外侧面板的协同工作，但布置的过密未能有效提高其抗弯承载力，通过曲线分析发现在间距为150mm时，条板的挠度最低，应变也最小，这正是布置角度为45°时的间距，当小于或大于45°布置时挠度与应变均增大，体现了连接件布置角度的重要性。通过图4-86可知，在间距为150mm时内、外侧面板的应变吻合度最高，因此为提高条板的抗弯承载力，该规格的一体化条板在结构设计时布置间距为150mm（即与水平方向的夹角为45°）时最合适，抗弯性能最好。

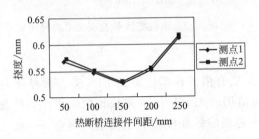

图4-85 连接件间距-挠度关系曲线

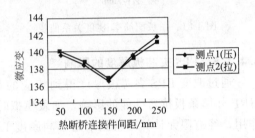

图4-86 连接件间距-应变关系曲线

4.5 HRP外墙条板的热工性能

4.5.1 热工计算及节能分析

墙体是住宅的主体部分，是建筑室内外热交换的主要介质。使用节能外墙与使用普通外墙室内温度相差可达4～10度，所以墙体的设计是不容忽略的一个方面。外墙除了应具有基本的承重、安全围护等功能外，还应考虑选用保温隔热性能好的墙体材料，对传热性好的墙体或墙体中传热性好的部位应加设保温隔热层。

HRP外墙条板的保温效果十分突出，板体沿其厚度方向设置的内面板、外面板和位于内面板、外面板之间的芯板，内面板、外面板之间通过热断桥结构件连接为一体，杜绝了"冷桥"的出现。另外，两板之间通过密封条密封，保温效果突出。

北京市"十二五"时期建筑节能发展规划中的重点工作任务指出，从2012年起，北京市新建居住建筑要执行修订后的北京市居住建筑节能设计标准，节能幅度将达到75%以上。为此，北京市在2010年进行了居住建筑节能75%的可行性研究，确定了进一步提高北京市居住建筑节能设计标准的可行性。

HRP外墙条板在进行节能设计时，对照山东省地方标准《山东省居住建筑节能设计标准》（DBJ14-037—2012）的相关要求，按照北京市地方标准《北京市居住建筑节能设计标准》（DB11-891—2012）中的节能75%的目标进行设计。

下面以HRP外墙条板标准板为例，进行热工节能计算分析。

热阻值计算公式如下：$R = \dfrac{d}{k}$

式中　d——材料的厚度（单位：m）；

k——热导率（单位：W/m・K）。

本章所采用的材料的热导率为：细石纤维混凝土，$k_1 = 2.12$ W/m・K；EPS 泡沫板，$k_2 = 0.038$ W/m・K；改性酚醛防火板，$k_3 = 0.025$ W/m・K。

如图 4-87，HRP 外墙条板的界面构造复杂，为方便计算，将其划分为三个界面，分别计算三个界面的热阻，最后取加权平均值作为 HRP 外墙条板标准板的热阻值。

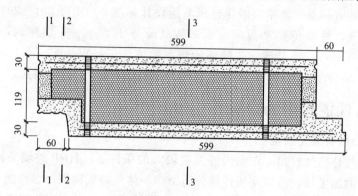

图 4-87　HRP 外墙条板标准板热阻计算截面图

1—1 截面

细石纤维混凝土　　　$R_1 = \dfrac{d}{k} = \dfrac{0.070}{2.12} = 0.033 \text{m}^2 \cdot \text{K/W}$

改性酚醛防火板　　　$R_2 = \dfrac{d}{k} = \dfrac{0.057}{0.025} = 2.28 \text{m}^2 \cdot \text{K/W}$

则板在 1—1 截面的热阻值

$$R' = R_1 + R_2 = 0.033 + 2.28 = 2.313 \text{m}^2 \cdot \text{K/W}$$

2—2 截面

细石纤维混凝土　　　$R_1 = \dfrac{d}{k} = \dfrac{0.062}{2.12} = 0.029 \text{m}^2 \cdot \text{K/W}$

EPS 泡沫板　　　$R_2 = \dfrac{d}{k} = \dfrac{0.065}{0.038} = 1.711 \text{m}^2 \cdot \text{K/W}$

则板在 2—2 截面的热阻值：

$$R'' = R_1 + R_2 = 0.029 + 1.711 = 1.74 \text{m}^2 \cdot \text{K/W}$$

3—3 截面：

细石纤维混凝土　　　$R_1 = \dfrac{d}{k} = \dfrac{0.06}{2.12} = 0.0283 \text{m}^2 \cdot \text{K/W}$

EPS 泡沫板　　　$R_2 = \dfrac{d}{k} = \dfrac{0.119}{0.038} = 3.13 \text{m}^2 \cdot \text{K/W}$

则板在 3—3 截面的阻热值

$$R''' = R_1 + R_2 = 0.0283 + 3.13 = 3.16 \text{m}^2 \cdot \text{K/W}$$

因此，整体板的加权平均热阻值为：

$$R = R' \times \frac{60}{599} + R'' \times \frac{65}{599} + R''' \times \frac{474}{599}$$

$$= 2.313 \times 0.1 + 1.74 \times 0.109 + 3.16 \times 0.7913$$

$$= 2.922 \text{m}^2 \cdot \text{K/W}$$

故 HRP 外墙条板的热阻值为 $2.922 \text{m}^2 \cdot \text{K/W}$，其传热系数为 $1/R$，即 $0.342 \text{W/(m}^2 \cdot \text{K)}$。

根据山东省地方标准《山东省居住建筑节能设计标准》（DBJ14-037—2012）中 4.2.1 的规定，建筑层数≥9 时，外墙传热系数≤$0.70 \text{W/(m}^2 \cdot \text{K)}$ 即达到节能 65% 的目标，而 HRP 外墙条板的传热系数远远小于 $0.70 \text{W/(m}^2 \cdot \text{K)}$ 的限值。

根据北京市地方标准《北京市居住建筑节能设计标准》（DB11-891—2012）中 3.2.2 的规定：≤3 层建筑，外墙传热系数应≤$0.35 \text{W/(m}^2 \cdot \text{K)}$；4～8 层建筑，外墙传热系数应≤$0.40 \text{W/(m}^2 \cdot \text{K)}$；≥9 层建筑，外墙传热系数应≤$0.45 \text{W/(m}^2 \cdot \text{K)}$。HRP 外墙条板的传热系数为 $0.342 \text{W/(m}^2 \cdot \text{K)}$，显然已达到并超过了节能 75% 的目标。

4.5.2 热工性能有限元分析

4.5.2.1 传热分析有限元模型

混凝土是一种热惰性材料，在室内外温差较大的条件下，HRP 外墙条板中两侧混凝土面板形成不均匀的温度场，故温度场传热分析是该一体化墙板构件保温性能分析的基础。

（1）温度场分析原理 空间区域内部各点某一时刻温度的分布即为温度场。当室内外温度差较大时，温度较高的外界空气通过热辐射和热对流使墙板表面温度迅速升高，构件内部通过热传导将热量由靠近构件表面的高温区域向构件中心区域传递。因混凝土的热惰性，在温差下其截面形成随时不断变化的不均匀温度分布，故混凝土构件传热时内部空间各点的温度分布是瞬态的。因此分析得到的也是 HRP 外墙条板截面上各点的瞬态值。

（2）材料的热工参数 HRP 外墙条板构件内部温度分布及其在室内外温差较大时温度随时间的变化，主要取决于各结构层构件材料的热工性能，精确的材料热工参数取值是结构构件进行准确温度场分析的前提。由于该条板中采用了热断桥连接件，有效地阻挡了两侧的钢丝网片的热传递，钢丝的影响很小，故有限元模型中不再建立钢丝模型，以下主要给出细石纤维混凝土、EPS 聚苯板、XPS 挤塑板的热工参数，如表 4-15。

表 4-15　各材料热工参数

所用材料	密度/(kg/m³)	比热容/[J/(kg·℃)]	热导率/[W/(m·℃)]
细石纤维混凝土	2500	930	1.86
EPS 聚苯板	20	1380	0.039
XPS 挤塑板	30	1380	0.030

（3）边界条件和界面处理 外部空气的温度比保温板内部温度高，外部空气通过热辐射和热对流将热量传递给保温板表面各积分点，保温板内部温度较高区域的热量通过热传导的方式向温度较低区域传递。

（4）单元选取和网格划分 温度场分析模型中，混凝土和 EPS 均选用 8 节点 3 维实体单元 DC3D8 模拟，温度场分析模型网格划分与力学性能分析模型网格划分相同。

4.5.2.2 数值模拟与结果

假定室内外温差较大，保温墙板室内温度为 20℃，室外温度为 60℃，保持室外温度恒定，模拟室外高温热量通过热辐射和热对流传递给板外表面，热量通过热传导由板外表面向板内传递。

采用有限元分析模拟时，设定的传热时间为 10h，计算各传热时刻板内节点温度的变化，得到保温板截面随温度变化的温度场。图 4-88～图 4-90 分别为传热时间 3h、6h 和 10h 时，保温板的温度场分布云图。

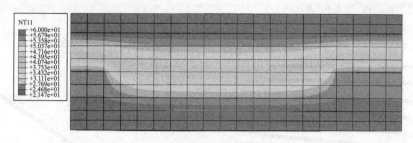

图 4-88　传热 3h 时墙板的温度场

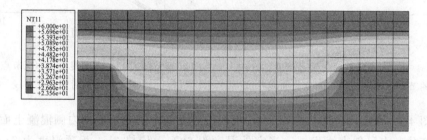

图 4-89　传热 6h 时墙板的温度场

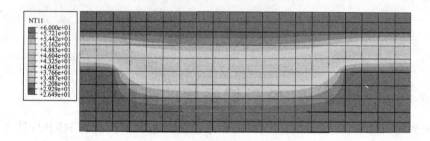

图 4-90　传热 10h 时墙板的温度场

通过观察墙板温度场计算结果，可以看出该 HRP 外墙条板在室内外温差较大的情况下，由墙板作为介质，热量随时间逐渐由室外向室内传递，各结构层的温度时间逐渐升高，但经过 10 个小时的热量传递，最终室内侧面板的温度仅升高了 6.49℃，该墙板具有较好的保温隔热性能。

4.5.2.3　结果分析

根据有限元计算结果，提取墙板截面上沿高度变化的各节点温度随时间的变化值，绘制曲线见图 4-91。

由图 4-91 可知，墙板截面上各节点温度由初始的 20℃随传热时间均有所提高，且在最初的 1h 左右，曲线的切线斜率最大，即节点的温度提高最快，而在 1～10h 这段时间里各节点温度发展逐渐向趋于平行于横轴的直线发展。外侧混凝土面板节点 1，在 30min 左右便由初始的 20℃提高到 60℃左右，这说明混凝土的隔热效果较差；室内混凝土面板节点 10，在 10 个小时的传热时间里其温度发展曲线的切线斜率很小，基本呈直线发展，最终达到了

26℃，说明在 EPS 聚苯板层的作用下，该条板具有较好的保温隔热性能。

为进一步了解 HRP 外墙条板的保温隔热性能，将室内侧混凝土面板节点的温度随时间的变化曲线绘出，如图 4-92。

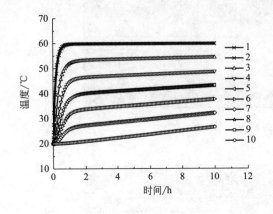

图 4-91 墙板横截面上沿高度变
化的节点温度随传热时间变化曲线

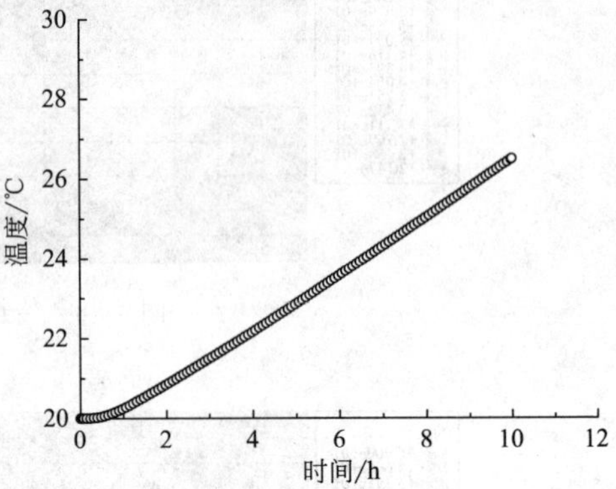

图 4-92 内侧混凝土面板节点
温度随传热时间变化曲线

根据图 4-92 可知，在最初的 1h 内，板面的温度基本不变，后期内侧混凝土面板的温度随时间的变化基本呈斜直线发展。当室外温度为 60℃，传热 3h，板顶温度为 21.47℃；传热 6h，板顶温度为 23.56℃；传热 10h，板顶温度为 26.49℃。可见该保温板具有较好的保温隔热性能。

4.6 HRP 外墙条板的隔声性能

外墙板的隔声性能也是制约墙板发展的一个重要因素，下面就对 HRP 外墙条板的隔声性能进行具体分析。HRP 外墙条板是由两层纤维水泥混凝土其内各配有双向钢丝网，中间放置芯板并有连接杆与钢丝网片连接形成整体稳定结构的复合墙板。针对墙板的构造，对该墙板的隔声分析分为两部分进行阐述。

4.6.1 单层密实的细石纤维混凝土墙板的隔声性能

HRP 外墙条板的内外两层细石纤维混凝土是主要的承重部分，同时它对墙体的整体隔声效果也有巨大的影响。如果不考虑中间芯板的作用，那么就可以简单地看作是单层、密实的细石纤维混凝土墙板，根据建筑结构周围环境声音频率（20～4000Hz）确定隔声量的计算应符合质量定律。根据单层结构隔声质量定律，无限大的单层密实均匀的墙板，在平面声波垂直入射的情况下，从理论上墙板的隔声量计算公式为：

$$TL_0 = 10\lg\left|1 + \frac{\omega m}{2\rho_0 c_0}\right|^2 \approx 20\lg\frac{\omega m}{2\rho_0 c_0} \tag{4-9}$$

式中　TL_0——声波垂直入射时的隔声量，dB；

　　　ω——角频率，$\omega = 2\pi f$；

f——频率，Hz；

m——墙的单位面积重量，称为面密度，kg/m^2；

$\rho_0 c_0$——空气的声阻抗；

ρ_0——空气的容重，kg/m^3；

c_0——空气中的声速，m/s。

从式中可以看出墙板的隔声量与其表面密度（或单位面积的质量）、声波频率的对数成正比，质量面密度每增加 1 倍，隔声量增加 6dB。同样，频率增加一倍，隔声量也增加 6dB。

实际情况投射在墙板上的声波是来自各个方向的，对于这种无规律入射的声能，隔声量经验计算公式：

$$TL = 20\lg m + 20\lg f - 47.5$$

频程平均隔声量（125～4000Hz 6 个频程），可按照下面经验公式计算：

$$\overline{TL} = 13.5\lg m + 14 \quad (m \leqslant 200kg/m^2)$$

$$\overline{TL} = 16\lg m + 8 \quad (m > 200kg/m^2)$$

4.6.2　HRP 外墙条板的隔声性能

实际情况是，该墙板本身是一个组合结构，两层细石纤维混凝土板之间是 EPS 泡沫保温芯板和若干热断桥连接杆，必须考虑它们对整个墙板隔声性能的影响。有机材料隔声性能与材料的组成和结构有着密切的关系，当声波入射时，在材料的内部发生反射、散射、折射和绕射。由于细石纤维混凝土层面与 EPS 泡沫板之间密度的差异，当声波遇到填充颗粒时将发生多次折射及散射使得传播路径增大，声能消耗将增多；同时 EPS 泡沫板中密闭气泡的存在，使得声波在材料中传播时相当于受到障碍物阻挡一样，因此声波必须绕过填充颗粒发生绕射，从而也使声波的传播路径增大而消耗掉声能。由于 EPS 泡沫板的特殊结构使得声波在材料中的传播发生多次反射、散射、折射、绕射，从而很大程度上消耗了声能，达到了较好的隔声效果。

以上是根据其结构特点结合声波传播的原理进行的定性分析，下面根据相关公式进行定量的计算分析。

对于 HRP 外墙条板，相对于外层的细石纤维混凝土来说，可以忽略 EPS 泡沫板的刚度和阻力，但却不能忽视其弹性作用。可以假设中间为空气，采用"质量-弹簧-质量"系统模型，即将两层墙板看成质量，中间空气看成"弹簧"，称作弹性材料夹层结构。这种组合墙板结构隔声性能较好，是因为声波入射到第一层墙时，墙板面层发生振动，该振动通过空气层传到第二层墙时，由于空气层具有减振作用，振动已经大为减弱，从而提高了墙体的总隔声量。

在实际工程中，双层结构隔声量计算常用如下公式：

当 $m_1 + m_2 > 100kg/m^2$ 时，$TL = 18\lg(m_1 + m_2) + 8 + \Delta TL$

当 $m_1 + m_2 \leqslant 100kg/m^2$ 时，$TL = 13.5\lg(m_1 + m_2) + 13 + \Delta TL$

ΔTL 是一个与空气夹层厚度有关的附加隔声量，其取值如图 4-93。

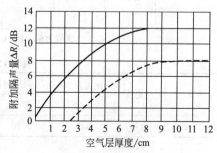

图 4-93　附加隔声量 ΔTL
与空腔夹层厚度关系图

本章中，HRP外墙条板内、外面层面密度 $m_1 = m_2 = 72 \text{kg/m}^2$，$D = 12 \text{cm}$，根据图4-93可取得 $\Delta TL = 12 \text{dB}$，代入相应公式可得：

$$TL = 18 \lg(72 + 72) + 8 + 12 = 58.85 \text{dB}$$

可见，HRP外墙条板的隔声性能是非常突出的。

4.7 HRP外墙条板的工业化生产技术

HRP外墙条板采用双侧钢筋网和热断桥连接件作为骨架，两侧浇筑强度不低于C40的专用纤维混凝土。在HRP外墙条板生产过程中，将面层混凝土压力注入模腔，在密闭的空间内养护成型，因此专用细石纤维混凝土作为重要材料之一其性能必须满足或者不影响墙板整体性能的要求，所谓的专用细石纤维混凝土即一种掺入纤维的大流动度、高强度的专用灌浆材料。

在重点研究满足工业化生产需求的专用灌浆材料的试验制备和性能优化基础上，结合现场HRP外墙条板试制的情况研究其合理的生产工艺。鉴于HRP外墙条板面层材料所需的性能的指标、搅拌的时间、注入压力罐的时间、加压和注浆所需的时间及外观质量的要求等，灌浆料的强度、流动度的大小、流动度损失时间、凝结时间及气泡含量等技术指标都必须满足要求。通过添加早强剂、缓凝剂、硫铝水泥、消泡剂及纤维，进行对比试验确定水泥和砂子的最佳用量比例，总结各种材料的量的变化对灌浆料性能的影响，通过正交设计、优化设计寻找到符合HRP墙板的高性能灌浆料。

4.7.1 试验原材料

试验的场所位于德州市的某个墙板生产厂，根据当地的原材料情况，在原材料选取时本着就近、质优的原则选取。

（1）普通水泥 采用德州晶华集团（平原）大坝水泥有限公司生产的P.O.42.5水泥，其化学成分见表4-16，物理性能见表4-17。P.O.42.5水泥作为HRP外墙条板面层混凝土及内部钢丝网保护层的主要胶凝材料。

表 4-16 晶华水泥的化学成分

水泥	化学组分/%								
	SiO_2	Al_2O_3	Fe_2O_3	CaO	Na_2O	K_2O	MgO	SO_3	LiO
P.O.42.5	30	5.2	2.28	59.17	0.08	0.75	2.64	2.13	1.40

注：碱含量按 $Na_2O + K_2O$ 计算值表示，P.O.42.5水泥碱含量为0.57。

表 4-17 晶华水泥的物理性能

水泥	安定性	比表面积 /(m²/kg)	凝结时间/(h:min)		抗折强度/MPa		抗压强度/MPa	
			初凝	终凝	3d	28d	3d	28d
P.O.42.5	合格	359	2:20	3:20	6	9	40	60

（2）硫铝酸盐水泥 硫铝酸盐水泥是以铝矾土、石灰石、石膏为主要原材料，经适当配料磨细后，煅烧成含有无水硫酸钙和硅酸二钙为主要矿物成分的熟料，再加入适量石膏共同

磨细的水硬性材料，具有快硬、早强、碱度低、膨胀率小等特点。根据 HRP 外墙条板面层混凝土性能要求，采用郑州市新兴特种水泥厂提供的硫铝酸盐水泥，其指标分别见表 4-18 和表 4-19。

表 4-18　郑州新兴水泥厂硫铝酸盐水泥的化学指标

水泥	化学组分/%							
	SiO_2	Al_2O_3	Fe_2O_3	CaO	SO_3	C_4A_3	C_2S	C_4AF
硫铝酸盐水泥	6.92	35.41	2.82	41.05	11.37	61.49	19.25	5.73

表 4-19　郑州新兴水泥厂硫铝酸盐水泥的物理指标

水泥	pH	比表面积/(m²/kg)	凝结时间/min		抗折强度/MPa		抗压强度/MPa	
			初凝	终凝	1d	7d	1d	7d
硫铝酸盐水泥	≤10.5	≥400	≥25	≥180	4.5	5.5	30	42

（3）砂子　砂子使用石英砂，粒径级别分别为 20～40 目（对应粒径 0.083～0.380mm）、40～70 目（0.212～0.380mm）、70～120 目（对应粒径 0.120～0.212mm）。

（4）水　使用当地饮用水，并应符合 JGJ 63 的规定。

（5）纤维　聚合物经一定的机械加工（牵引、拉伸、定型等）后形成细而柔软的细丝，形成纤维一般细而长的材料。纤维具有弹性模量大，塑性形变小，强度高等特点，有很高的结晶能力，分子量小，一般为几万。本实验采用聚丙烯纤维，聚丙烯纤维以聚丙烯为原料，经特殊的生产工艺及表面处理技术，确保其在混凝土中具有极佳的分散性以及与水泥基体的握裹力，且抗老化性好，可保证在混凝土中长期发挥功效，其指标见表 4-20。

表 4-20　聚丙烯纤维的性能指标

纤维类型	当量直径	比重	抗拉强度	断裂延伸率	弹性模量	熔点
单丝	18～48μm	0.91g/cm³	≥500MPa	10%～28%	≥3850MPa	160～180℃

（6）纤维素醚　采用北京中汇联合新型材料有限公司生产的羟丙基甲基纤维素醚（HPMC），黏度 100000mPa·s。HPMC 随甲氧基含量减少、凝胶点升高、水溶解度下降、表面活性也下降。HPMC 具有增稠能力，耐盐性低灰粉、pH 稳定性、保水性、尺寸稳定性、优良的成膜性以及广泛的耐酶性、分散性和黏结性等特点，其性能指标见表 4-21。

表 4-21　纤维素醚的性能指标

序号	项目	性能指标
1	外观	白色或类白色粉末
2	颗粒度	100 目通过率大于 98.5%；80 目通过率 100%。特殊规格的粒径 40～60 目
3	碳化温度	280～300℃
4	视密度	0.25～0.70g/cm³（通常在 0.5g/cm³ 左右）
5	变色温度	190～200℃
6	表面张力	2% 水溶液为 42～56dyn/cm
7	溶解性能	溶于水及部分溶剂，如适当比例的乙醇和水、丙醇和水等。水溶液具有表面活性。透明性高，性能稳定，不同规格的产品凝胶温度不同，溶解度随黏度而变化，黏度值低，溶解度愈大，不同规格 HPMC 其性能有一定差异，HPMC 在水中的溶解不受 pH 值影响

（7）外加剂　采用早强剂、缓凝剂、消泡剂。

4.7.2　试验方法

4.7.2.1　取样

（1）建筑砂浆试验用料应从同一盘砂浆或同一车砂浆中取样。取样量不应少于试验所需量的4倍。

（2）施工中取样进行砂浆试验时，其取样方法和原则应按相应的施工验收规范执行。一般在使用地点的砂浆槽、砂浆运送车或搅拌机出料口，至少从三个不同部位取样。现场取来的试样，实验前应人工搅拌。

（3）从取样完毕到开始各项性能试验不宜超过15min。

4.7.2.2　试样的制备

（1）在试验室制备砂浆搅拌物时，所用的材料应提前24h运入室内。拌和时实验室的温度应保持在（20±5）℃。

（2）试验所用原材料应与现场使用材料一致。砂应通过公称直径5mm筛。

（3）实验室拌制砂浆时，材料用量应以质量计。称量精度：水泥、外加剂、掺合料等为±0.5%；砂为±0.1%。

（4）在实验室拌制砂浆时应采用机械搅拌，搅拌时应符合《试验用砂浆搅拌机》（JG/T 3033）的规定，搅拌用量宜为搅拌机容量的30%～70%，搅拌时间不应少于120s。掺有外加剂的砂浆，其搅拌时间不应少于180s。

4.7.2.3　流动度的测定方法

流动度的测试按下列步骤进行。

（1）预先留大于4截锥圆模盛量的砂浆，并用潮湿的封盖搅拌锅，防止水分蒸发。

（2）预先用潮湿的布擦拭玻璃板和截锥圆模内壁，并将截锥圆模放置在玻璃板中心，然后将预留砂浆迅速倒满截锥圆模内，浆体与截锥圆模上口平齐。截锥圆模应符合现行国家标准《水泥胶砂流动度测定方法》（GB/T 2419）的规定，尺寸为下口内径（100±0.5）mm，上口内径（70±0.5）mm，高（60±0.5）mm；玻璃板尺寸不小于500mm×500mm，并放置在水平试验台上。

（3）徐徐提起截锥圆模，砂浆在无扰动条件下自由流动直至停止，用游标卡尺测量底面最大扩散直径及与其垂直方向的直径，计算平均值，作为流动度值，测试结果精确到1mm，取整数后用mm表示并记录数据。

（4）初始值应在预留砂浆6min内测完，其余15min、20min、30min测试前重新将砂浆按搅拌机的固定程序搅拌240s，然后重复2、3步骤测流动度值，并记录数据。

4.7.2.4　凝结时间的测定方法

凝结时间的测试方法按下列步骤进行。

（1）将制备好的砂浆拌合物装入砂浆容器内，并低于容器上口10mm，轻轻敲击容器，并予以磨平，盖上盖子，放在（20±2）℃的试验条件下保存。

（2）砂浆表面的泌水不清除，将容器放在压力表圆盘上，然后按步骤来调整测定仪，使压力表指针调到零位。

（3）测定贯入阻力值，用截面为30mm^{2}的试针与砂浆表面接触，在10s内缓慢而均匀地垂直压入砂浆内部25mm深，每次贯入时记录仪表读数Np，贯入杆离开容器边缘或已贯入部位至少 12mm。

（4）在（20±2）℃的试验条件下，实际贯入阻力值，在成型后 2h 开始测定，以后每隔半小时测定一次，至贯入阻力值达到 0.3MPa 后，改为每 15min 测定一次，直至贯入阻力值达到 0.7MPa 为止。

需注意：（1）施工现场凝结时间的测定，其砂浆稠度、养护和测定的温度与现场相同。（2）在测定湿拌砂浆的凝结时间时，时间间隔可根据实际情况来定。如可定为受检砂浆预测凝结时间的 1/4、1/2、3/4 等来测定，当接近凝结时间时改为每 15min 测定一次。

4.7.2.5　抗折强度的测定方法

将试块一个侧面放在试验机的支撑圆柱上，试体长轴垂直于圆柱，通过加荷圆柱以（50±10）N/s 的速率均匀地将荷载垂直的加棱柱体相对侧面上，直至折断，保持两个半截柱体处于潮湿状态直至抗压试验结束。

抗折强度 R_f 以 N/mm^2（MPa）计算表示，按式（4-10）进行计算：

$$R_f = 1.5 F_f L / b^3 \qquad\qquad (4\text{-}10)$$

式中　F_f——折断棱柱体时，施压于棱柱体中部的荷载，N；

L——支撑圆柱之间的距离，mm；

b——棱柱体正方形截面的边长，mm。

抗折强度的结果评定：以一组三个棱柱体抗折强度结果的平均值作为实验结果，当三个强度值中有超出平均值±10％时，应剔除后再取平均值作为抗折强度试验结果。

4.7.2.6　抗压强度的测定方法

抗压强度在半截棱柱体的侧面上进行，半截棱柱体中心与压力机压板受压中心盖板应在±0.5mm 内，棱柱体露在压板外的部分约有 10mm。在整个加荷过程中以（2400±200）N/s 的速率均匀地加荷直至破坏。抗压强度 R 以 N/mm^2（MPa）为单位，按式（4-11）进行计算：

$$R = F_c / A \qquad\qquad (4\text{-}11)$$

式中　F_c——破坏时的最大荷载，N；

A——受压部分面积，mm^2（$40mm \times 40mm = 1600mm^2$）。

抗压强度评定：以一组三个棱柱体上得到的六个抗压强度测定值的算术平均值为试验结果，如六个测定值中有一个超出六个平均值的±10％，就应剔除这个结果，而以剩下五个的平均数为结果，如果五个测定值中再有超过它们平均数±10％的，则此组结果作废。

4.7.3　试验方案设计

本实验的目的在于确定符合 HRP 外墙条板砂浆中 P.O.42.5：硫铝水泥：砂子：水：外加剂的比例，改变材料各组分量的相对变化，通过对比试验确定胶凝材料、砂子、水量的相对比例及其相对量的改变对砂浆性能的影响，然后通过正交试验确定外加剂及其添加量的相对比例，优化试验结果得到砂浆的最佳配合比，进而确定满足 HRP 外墙条板性能的砂浆。最后，在最佳配合比的基础上，改变材料中早强剂的掺量，探索早强剂的掺量与 1d 强度的关系。

4.7.3.1　胶凝材料、砂、水比例的确定

由于 HRP 外墙条板的性能需求，其所需的砂浆需要采用压力注浆，因此砂浆的流动度、凝结时间、流动度损失等指标就必须考虑到搅拌机搅拌、出搅拌机注入压力罐及注入模

板体内所需的时间，因为如果所用的时间过长，流动度损失过大对 HRP 外墙条板的表观质量、压力罐等都有较大的影响。如果凝结时间过短，可能在浆体未注浆前上强度或者注浆完毕后给罐体的清理工作造成很大的困难，所以应以砂浆的流动度、凝结时间、流动度损失作为选择合适胶凝材料、砂、水量的比例的先决条件。通过控制胶凝材料量的相对变化和外加剂的添加量，采用对比试验、正交试验、优化设计，寻找满足 HRP 外墙条板的砂浆。

对比试验方案和实验结果分别见表 4-22 和表 4-23。

表 4-22　对比试验方案

编号	硫铝酸盐水泥	P.O. 42.5	砂子 20～40 目	砂子 40～70 目	砂子 70～120 目	减水剂	硼酸	消泡剂	早强剂	纤维	水	纤维素醚
1	100	300	300	200	100	3	0	0.1	0	0	140	0
2	100	300	300	100	200	3	0	0.1	0	0	140	0
3	100	300	400	100	100	3	0	0.1	0	0	140	0

表 4-23　对比试验结果

编号	初始流动度/mm	30min 流动度/mm	1d 强度	
			抗压强度/MPa	抗折强度/MPa
1	305	260	17.3	2.9
2	300	270	13	2.7
3	340	260	19	3.0

4.7.3.2　最优外加剂掺量的确定

在试验设计时，多因素实验往往存在一定的矛盾：第一是全面实验的次数与实际可行的实验次数之间的矛盾；第二是实际所做的少数实验与全面掌握内在规律的要求之间的矛盾。为了解决试验中存在的多因素矛盾问题，通过正交试验选择符合 HRP 外墙条板的最优外加剂掺量。

综合考虑硫代硫酸钠、纤维素醚、减水剂量的变化对砂浆性能的影响，采用三因素四水平的正交表，评价指标采用综合评分法中的指标叠加法。

所谓指标叠加法，就是将多指标按照某种计算公式进行叠加，将多指标化为单指标，而后进行正交实验直观分析。

$$y = y_1 + y_2 + \cdots + y_i$$
$$y = ay + by + \cdots + ny_i$$

式中，y 代表多指标综合后的指标，y_1、$y_2 \cdots$ 代表各单项指标，a、$b \cdots$ 为系数，其大小正负要视指标性质和重要程度而定。

由于 HRP 外墙条板对砂浆的初始流动度、30min 流动度尤其是 30min 流动度要求比较严格，且 HRP 板要求拆模的时间在 12h 以内，所以我们选择初始流动度、30min 流动度及 12 小时的抗压强度作为评价指标。试验表的表头设计见表 4-24，正交试验表见表 4-25。

表 4-24　表头设计

水平因素	A(硫代硫酸钠)	B(纤维素醚)	C(减水剂)
1	5g	0.05g	2.5g
2	8g	0.10g	3g
3	7g	0.15g	2g

表 4-25 正交试验表

编号	列号				流动度/mm		抗压强度/MPa		综合指标
	A	B	C	D (空白)	初始流动度	30min流动度	12h	24h	$Y=ay_1+by_2+cy_3+dy_4$
1	1	1	1	1	295	215	16.6	17.3	159.71
2	1	2	2	2	305	260	13.6	15.5	175.13
3	1	3	3	3	285	170	13.0	14	141.8
4	2	1	2	3	315	285	18	19.3	187.33
5	2	2	3	1	200	140	15.6	16.5	108.33
6	2	3	1	2	295	240	15.5	16.3	166.7
7	3	1	3	2	285	185	17.8	19	148.24
8	3	2	1	3	270	170	17	18	138.9
9	3	3	2	1	190	140	14.7	15.9	105
K_1	476.61	495.27	431.4	373					
K_2	462.36	422.36	467.46	490.07					
K_3	392.1	413.5	398.34	468					
$K_{1均}$	158.87	165.09	143.8	124.33					
$K_{2均}$	154.12	140.78	155.82	163.35					
$K_{3均}$	130.7	137.83	132.78	156					
R	28.17	27.26	23.04						

注：综合指标 $Y=ay_1+by_2+cy_3+dy_4$。其中 y_1 代表初始流动度，a 取值 0.3；y_2 代表 30min 流动度，b 取值 0.3；y_3 代表 12h 抗压强度，c 取值 0.3；y_4 代表 24h 抗压强度，d 取值 0.1。

直观分析：由正交表 K 的值表明最优方案为 A1B1C2，我们调整后的最佳方案为试验正交表中的试验 4（A2B1C2）。

极差分析：对砂浆性能的相对影响因素强弱依次为：早强剂（硫代硫酸钠）＞纤维素醚＞减水剂。

综上所述，最佳配合比为：硫铝水泥：P.O.42.5：消泡剂：减水剂：硼酸：纤维素醚：早强剂＝100：300：0.1：3：0.1：0.05：8。保持砂浆材料的各个材料的比例不变的基础上只改变硫代硫酸钠的量，其掺量取值分别为为 5g、6g、7g、8g 时，研究早强剂对砂浆性能的影响，其试验设计表格及试验结果分别见表 4-26 和表 4-27。

表 4-26 早强剂对砂浆性能的影响试验设计

编号	硫铝水泥	P.O.42.5	砂子20～40目	砂子40～70目	砂子70～120目	消泡剂	减水剂	硼酸	纤维素醚	纤维	水	硫代硫酸钠
1	300	100	300	200	100	0	0	0	0	0	140	0
2	300	100	300	200	100	0.1	3	0.1	0.05	0.8	140	5
3	300	100	300	200	100	0.1	3	0.1	0.05	0.8	140	6
4	300	100	300	200	100	0.1	3	0.1	0.05	0.8	140	7
5	300	100	300	200	100	0.1	3	0.1	0.05	0.8	140	8

表 4-27 早强剂对砂浆 1d 强度的影响试验结果

编号	1	2	3	4	5
1d 强度/MPa	12.7	20	24.6	21	22.1

4.7.4　试验结果分析与讨论

4.7.4.1　砂子颗粒级配对砂浆性能的影响

不同砂子颗粒级配对砂浆流动度和强度的影响分别如图 4-94 和图 4-95。

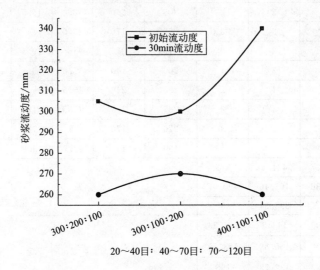

图 4-94　砂子颗粒级配对砂浆流动度的影响

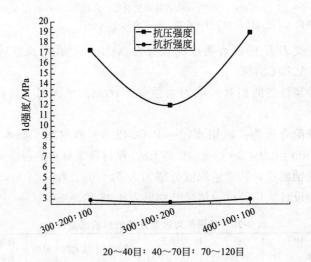

图 4-95　砂子颗粒级配对砂浆强度的影响

保持浆体的胶砂比不变以及其他材料的量不变的情况下，调整材料中粗砂（20～40 目）、中砂（40～70 目）、细砂（70～120 目）砂子的相对比例发现，在流动性方面 300 : 200 : 100 比例优于 300 : 100 : 200 的比例，且随着粗砂比例的提高如 400 : 100 : 100，其流动度不断增大，但是很可能出现泌水、沉底等问题。分析其原因组合的较大密度的砂遵循填充机理，大量的粗砂颗粒构成骨架，少量的中砂、细砂依次填充骨架空间空隙，水泥浆均匀地包裹并黏结成砂粒，形成较密实地体系。若细砂颗粒过多，其吸水量增大，不利于流动性的增加。若细颗粒过少则不能密实地填充骨架空间，大颗粒的比表面积较少，吸水量减少，故而出现浆体与水分离的现象即分层离析。在水泥砂子总量不变的基础上调整粗中细砂的比例，使其堆积密度适中，从而制得较好的流动性和较高强度的砂浆，因此选择粗砂：中砂：细砂＝300：200：100。

4.7.4.2　硫铝酸盐水泥对砂浆性能的影响

硫铝水泥与普通硅酸盐水泥的比例关系对砂浆流动度的影响如图 4-96。

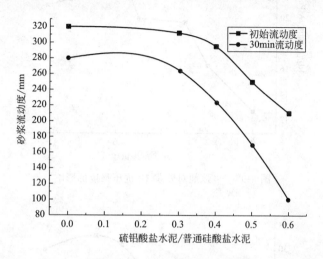

图 4-96　硫铝酸盐水泥与普通硅酸盐水泥比例对砂浆流动度的影响

从图 4-96 中我们可以看出砂浆的流动度随着硫铝酸盐水泥/普通硅酸盐水泥比例的增加，流动度不断减少并且 30min 损失也随着其比例的增大不断增大，无法满足 HRP 外墙条板所需砂浆性能的要求。但是随着硫铝酸盐水泥比例的不断增加，砂浆的强度可以得到一定程度的提高。综合考虑流动度大小、流动度损失、强度和经济成本等因素，选择硫铝酸盐水泥与普通硅酸盐水泥的比例为 1/3。

4.7.4.3　早强剂对砂浆性能的影响

硫代硫酸钠作为硫酸盐类早强剂的成员之一，应用比较广泛。硫代硫酸钠易溶于水，在水泥水化硬化时，与水泥水化产生的氢氧化钙反应生成的二水石膏，其颗粒细小，与水泥熟料中原有的石膏相比能更快地参加水化反应，使水化产物硫铝酸钙更快地生成，进而加快水泥的水化硬化速度，它的 1d 强度提高尤为明显，早期强度可以提高达 300% 左右，由于早期水化物结构形成较快，结构致密程度差一些，因而后期强度会略有降低，硫代硫酸钠应有一个最佳控制量。在最佳配合比的基础上，保持砂浆原材料的比例不变的基础上只改变硫代硫酸钠的掺量，当硫代硫酸钠掺量取值分别为 5g、6g、7g、8g 时，其掺量对砂浆的 1d 抗压强度的影响如图 4-97 所示：

从图中可以看出，随着早强剂添加量的增加，1d 抗压强度值也随着增加，直到早强剂的添加量增至 6g 时，1d 抗压强度值达到最大值，所以选择早强剂的添加量为 6g，即胶凝材料总量的 1.5%。

4.7.4.4　减水剂对砂浆性能的影响

在保持各材料比例不变的情况下，只改变高性能减水剂的掺量，高性能减水剂量的变化对减水比例（减水量与未掺减水剂的用水量的比值）影响规律如图 4-98 所示。

从图 4-98 可以看出，随着减水剂掺量的增加，减水比例不断增大，当减水剂掺量为 3g（即占胶凝材料总量的 0.75%）时，减水比例接近 35%，达到最大值。随后随着减水剂掺量

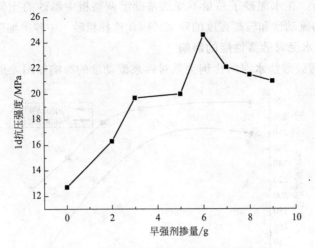

图 4-97　早强剂对砂浆 1d 抗压强度的影响

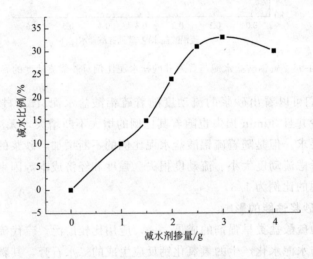

图 4-98　减水剂对减水比例的影响

的增加减水率基本保持不变甚至有减水率微幅下降的趋势。究其原因，一是聚羧酸减水剂主链较短，可以接枝不同的活性基团，如羟基、羧基聚氧烷基等。水泥在加水搅拌以及凝结硬化过程中，由于水泥矿物 C_3A、C_2S、C_3S 在水化过程中所带电荷不同产生异性相吸，以及水泥颗粒的热运动等，会产生絮状结构。在絮状结构中包裹着许多拌合水，从而减少了水泥水化的用水量，降低了拌合物的工作性。加入高效聚羧酸减水剂，减水剂的憎水基团吸附在水泥颗粒表面，亲水基团指向水中使水泥质点表面上带有相同符号的电荷，于是在电斥力的作用下，水泥-水体系处于相对稳定的悬浮状态，并使水泥在加水初期所形成的絮状结构分散解体，使其中的游离水释放出来，达到减水的目的，改善拌合物和易性。二是梳型分子结构产生的空间位阻效应也是其减水效果明显的原因。

4.7.5　工业化生产工艺设计

4.7.5.1　生产控制指标

生产 HRP 外墙条板时，其尺寸偏差与外观质量应满足表 4-28 和表 4-29 的要求。

表 4-28　HRP 外墙条板尺寸偏差

序号	项目	尺寸偏差/mm
1	长度	±2
2	宽度	±1
3	厚度	±0.5
4	对角线差	±1.5
5	侧向弯曲	$\leqslant L/1000$
6	预埋件中心位移	±5
7	预埋管线管中心位移	±5
8	榫卯结构中心位移	±1
9	榫卯结构尺寸偏差	±1

表 4-29　HRP 外墙条板外观质量

序号	项目	指标
1	面裂	不允许
2	露筋	不允许
3	蜂窝气孔	不允许
4	缺棱掉角,不超过墙板面积比例	1%

生产出的 HRP 外墙条板的物理性能指标应满足表 4-30 的要求。

表 4-30　HRP 外墙条板物理性能指标

序号	项目		性能指标
1	面密度/(kg/m^2)		$\leqslant 200$
2	抗风压值/kPa		不小于工程项目的风荷载设计值
3	抗冲击强度/J		10.0
4	单点吊挂 1000/(N/24h)		1000N 静置 24 小时板面无裂纹
5	热阻/$(m^2 \cdot K/W)$		$\geqslant 2.0$
6	耐火极限/h		$\geqslant 1$
7	空气声隔声量/dB		$\geqslant 45$
8	含水率/%		$\leqslant 5$
9	软化系数		$\geqslant 0.80$
10	干燥收缩值/(mm/m)		$\leqslant 0.4$
11	抗冻性(30 次)	冻后外观形态	30 次表面无粉化、剥落、开裂、起层等现象
		质量损失率/%	$\leqslant 2.0$
		强度损失率/%	$\leqslant 20$
12	放射性核元素限量		内照射指数:$Ra \leqslant 1.0$
			外照射指数:$y \leqslant 1.0$

4.7.5.2 生产线组成

根据工厂内全自动机械化生产 HRP 外墙条板的需求，设计了一套 HRP 外墙板的生产线。计划项目占地 100 亩，厂房面积大约为 150m×100m，按照工艺流程和防火安全距离、运输道路的曲率等要求，将厂区按功能划分为生产区、辅助生产区、动力区、仓库区、厂前区等，其中办公楼、宿舍、食堂面积 3000m²，原料仓库、生产车间和成品仓库 15000m²。

生产线由 HRP 外墙条板板体生产线和板面涂装生产线组合而成。墙板板体生产线包括装模系统、注浆系统、模具车行走系统、养护系统、拆模系统等；板面涂装线包括素板砂光机、粉尘清除机、输送机、着色机、重型补土机、干燥机、改色机、涂布机、底漆砂光机、四级淋幕机、红外线流平机、覆膜机、收料机等。

生产线模拟图如图 4-99 所示。

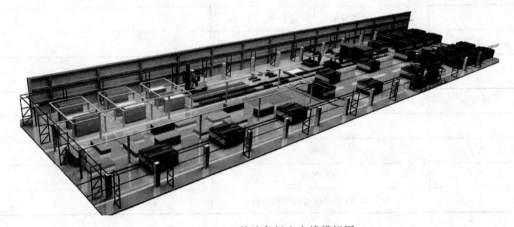

图 4-99　HRP 外墙条板生产线模拟图

4.7.5.3 生产工艺流程

如图 4-100，HRP 外墙条板生产线采用自动化控制系统，在各个环节尽量减少人工。HRP 外墙条板自动化生产线分为装模系统、搅拌注浆系统、养护系统和拆模系统，在生产中，各个系统位置固定不变，依靠自动化控制系统操作模车在预定轨道上行走完成整个生产流程工艺。各个工艺阶段的操作步骤及要点见表 4-31。

表 4-31　HRP 外墙条板各工艺阶段操作步骤及要点

序号	阶段	工序	工作要点
01	芯模组装阶段	1. 取 EPS 板	尺寸校准
		2. 芯板钻孔	
		3. 粘防火板	
		4. 加工注浆口	
		5. 插连接杆	
		6. 取钢丝网片	尺寸校准
		7. 绑钢丝网	定位测量
		8. 安装预埋件	
		9. 铝合金边条刷脱模剂	注意与脱模后进行对比
		10. 芯模总装	
		11. 模车刷脱模剂	
		12. 装模到位	
		13. 加压合模	记录油压缸压力值；测模腔隔板间距，测 5 个点

续表

序号	阶段	工序	工作要点
02	搅拌注浆阶段	1. 物料称量	
		2. 上料	
		3. 加水搅拌	
		4. 出浆	
		5. 加压	
		6. 注浆	记录压力值,观察漏点、模腔尺寸量测
		7. 冒出浆料计量	
		8. 排气	
03	检测留样	留样	留 4 锥模测流动度,留 1 锥模测凝结时间,留 27 组试块测强度
04	余浆清洗	1. 余浆处理	装花砖模
		2. 清洗	
05	养护阶段	墙板养护	记录好温湿度
06	拆模阶段	墙板拆模	注意观察墙板外观
07	特殊情况	事故排浆	加水搅拌开始,30min 未注浆的, 应在 5min 之内及时排掉并清洗储浆罐

4.7.5.4　出厂检验规则

（1）检验分类　分出厂检验与型式检验。

① 出厂检验。产品出厂时应经厂检验部门检验合格并附有合格证方可出厂。检验项目为：尺寸允许偏差、外观、面密度、抗弯性能、抗冲击性，以及面层抽检项目。

② 型式检验。型式检验项目为相关规范要求的全部项目。有下列情况之一时，应进行型式检验：

a. 新产品投产或产品定型鉴定时；

b. 正常生产时，每年进行一次；

c. 停产半年以上恢复生产时；

d. 原材料，工艺等发生较大改变，可能影响产品性能时；

e. 出厂检验结果与上次型式检验结果有较大差异时；

f. 质量监督部门要求进行时。

图 4-100　HRP 外墙条板生产线工艺流程图

（2）组批与抽样

① 组批。以同一原材料、同一生产工艺、同一长度，稳定连续生产 3000m² 的同一型号产品为一批、不足 3000m² 也作为一批计算。

② 抽样。按试验方法的要求取样数量、规格从每个组批的产品中随机抽样。

（3）判定原则

① 若产品的某项指标检验不符合要求，应进行双倍抽样重检，若仍不符合要求，则判定该项目不合格。

② 若某批产品的全部项目检验均符合要求，则判定该批产品为合格。若有一项不符合要求，则判定该批产品为不合格。

4.7.5.5 标志、包装、运输与贮存

（1）标志　在产品外包装上应有清晰明显标志，包括如下内容：

a. 产品名称、商标；

b. 产品执行标准号；

c. 产品的净重；

d. 生产日期及批号；

e. 质检员代号；

f. 生产厂名、地址、电话；

g. 必要的警示符号和文字。

（2）包装

① 不足装量箱的散装品应按板型分类、角铁护边、绳固定。

② 产品应采用纸箱或木板箱等包装箱进行包装。

③ 成品条板之间宜采用衬垫聚乙烯薄膜或用牛皮纸等隔离。

④ 包装应按 GB191 的规定注明"防火"、"防潮"、"防撞击"等警示标志。

（3）运输　产品在运输途中应轻装轻卸、避免日晒雨淋，保持包装的完整。应避免受压和机械损伤、远离明火。

（4）贮存

① 产品应贮存在阴凉、干燥、通风，并有良好防火安全设施的库房内，严禁与化学品接触。

② 贮存场地应坚实、平整、堆放高度不超过 1.8m。堆底应用木条或泡沫板铺垫并保持平整，垫木间距不大于 2m。

4.8　HRP 外墙条板的施工技术及工程验收

4.8.1　施工技术

4.8.1.1　一般规定

（1）HRP 外墙条板工程施工，必须建立健全技术、质量、安全管理保证体系，编制好施工组织设计。

（2）HRP 外墙条板的包装、运输及存放，采用包装箱装箱运输，不得损伤构件。

（3）HRP 外墙条板安装前，应将脚手架全部拆除，采用专用吊具安装。

（4）钢筋混凝土基础梁强度及框架梁强度必须达到设计要求的 80% 以上时，方可安装墙板，墙板安装节点构造应符合本导则要求和设计要求。

4.8.1.2　施工工序

施工流程图如图 4-101 所示。

HRP 外墙条板施工应按施工组织设计进行，与水、电、气、暖工程配合，建筑安装施

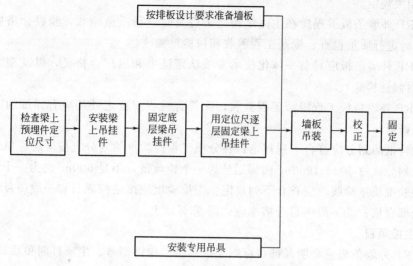

图 4-101　HRP 外墙条板施工流程图

工应符合现行国家标准《混凝土结构工程施工质量验收规范》（GB 50204）的相关规定。

4.8.1.3　施工要点

（1）墙板应按排板设计要求，从下到上逐层立体式施工。

（2）预埋件定位尺寸的偏差应符合吊挂件椭圆孔的调节范围。

（3）采用两点起吊的方式，用专用吊具将 HRP 外墙条板吊装到位。

（4）HRP 外墙条板的安装需要两个工位，每层楼内安排一人。两人确定 HRP 外墙条板的榫卯结构对接无误后，拼装到位之后进行焊接固定。

（5）HRP 外墙条板下部托件紧密托在导轨上，上部挂件与导轨之间预留 3～6mm 的间隙。

（6）HRP 外墙条板的固定，采用灌浆料填充 HRP 外墙条板与框架梁、柱之间的缝隙，确保挂接点处的耐久性和整体刚度。

（7）HRP 外墙条板在生产过程中预先设置了导水槽以及硅胶密封条，并且对尺寸有严格的要求。施工过程中，无需对板缝进行特别处理。

（8）榫卯结构突出，应避免与其他硬物碰撞，吊装时应作相应的保护。

4.8.1.4　施工安全

（1）施工人员认真学习安全操作规程，提高安全意识，拒绝违章操作，坚持做到每道工序有安全交底。

（2）在吊装机械工作范围内不得有障碍物品，道路、场地应平整、坚实、并有可靠的排水措施。

（3）如遇大风、大雨等恶劣天气，应停止施工，并将施工工具安放于安全位置。

（4）HRP 外墙条板进场后，应远离火源。露天存放时，应采用不燃材料完全覆盖装饰面。

4.8.2　工程验收

4.8.2.1　一般规定

（1）HRP 外墙条板工程的验收除应执行相关规程标准外，尚应符合现行国家标准《建筑工程施工质量验收统一标准》（GB 50300）、《建筑节能工程施工质量验收规范》（GB

50411）的相关规定。

（2）HRP 外墙条板工程应在主体结构完工后及时进行质量验收，验收合格后进行墙板安装，并及时进行质量检查、隐蔽工程验收和检验批验收。

（3）HRP 外墙条板应具备一体化技术专项认定证书和出厂合格证，以及型式检验报告（安全性、耐候性检验）。

（4）HRP 外墙条板工程隐蔽工程验收，除符合验收规范之外还应有详细的文字记录和必要的影像资料。

（5）检验批的划分应符合下列规定：各分项工程检验批的划分宜按楼层、单元、结构缝或施工区段划分。每 500～1000m² 面积划分为一个检验批，不足 500m² 也为一个检验批。

（6）检验批质量验收，应符合下列规定：①检验批应按主控项目和一般项目验收；②主控项目应全部合格；③一般项目合格率应达到 95％以上。

4.8.2.2　主控项目

（1）HRP 外墙条板应在明显部位标明生产单位、构件型号、生产日期和质量验收标志，材料性能指标应符合相应规范标准的要求。

（2）用于 HRP 外墙条板工程的材料、构件等，其品种、规格应符合设计要求和标准规定。现场应用包括材料、灌浆专业浆料、玻化微珠、抗裂砂浆等均应提报出厂合格检验报告及产品合格证。预埋件或后置锚固件数量位置锚固深度和拉拔力应符合设计要求，后置预埋件应进行锚固力现场拉拔试验。

（3）HRP 外墙条板安装质量必须符合表 4-32 规定。

表 4-32　HRP 外墙条板安装质量允许偏差

项　　目	允许偏差/mm	检查方法
墙板垂直度	4	2m 靠尺、线坠检查
全楼总高垂直度	15	经纬仪测量

检验方法：观察、测量。

检查数量：每类抽查 10％。

（4）HRP 外墙条板拼缝处应符合设计要求，墙板板缝不得渗漏。

检验方法：观察检查；用钢针插入，尺寸检查。

检查数量：按不同部位，每类抽查 10％，并不少于 5 处。

（5）门窗洞口与门窗框间间隙，应按设计要求采取节能保温措施。

检验方法：对照设计观察，必要时抽样剖开检查。

检查数量：每类抽查 10％。

4.8.2.3　一般项目

（1）HRP 外墙条板的外观质量应符合表 4-33 的规定。

表 4-33　HRP 外墙条板外观质量

序号	项目	指标
1	面裂	不允许
2	露筋	不允许
3	蜂窝气孔，不超过墙板面积比例	1％
4	缺棱掉角，不超过墙板面积比例	1％

检验方法：观察、测量。

检验数量：全数检查。

（2）HRP 外墙条板的几何尺寸允许偏差应符合表 4-34、表 4-35 的规定：

表 4-34　HRP 外墙条板尺寸偏差

序号	项目	尺寸偏差/mm
1	长度	±2
2	宽度	±2
3	厚度	±1
4	对角线差	±3
5	侧向弯曲	≤L/1000
6	预埋件中心位移	±3
7	预埋管线管中心位移	±3

表 4-35　HRP 外墙条板榫卯尺寸偏差

项目	尺寸偏差/mm
相邻榫卯结构中心位移	±1

检验方法：测量。

检验数量：按同规格每 100 件为一批，随机抽取三件进行检查。

（3）HRP 外墙条板安装允许偏差应符合表 4-36 的规定。

表 4-36　HRP 外墙条板安装允许偏差

项　目	允许偏差/mm	检查方法
接缝平整度	3	2m 靠尺、塞尺检查
阳角垂直度	3	2m 靠尺、线坠检查
阳角方正	4	200mm 等边直角尺，塞尺检查
室内方正差	8	钢卷尺检查
洞口高度	±5	钢卷尺检查
洞口宽度	±5	钢卷尺检查
洞口垂直度	4	1m 靠尺、线坠检查

检验方法：测量。

检验数量：5%。

4.8.2.4　工程验收

（1）HRP 外墙条板工程质量验收，应符合下列规定：①主控项目须全部合格。②一般项目应合格；当采用计数检查时，应有 95% 以上的检验点合格，且其余检查点不得有严重缺陷。③分项工程质量控制资料应完整。

（2）HRP 外墙条板工程竣工验收应提供设计文件、图纸会审记录、设计变更和洽商记录及墙板进场核查记录。

(3) 应提供施工技术方案、施工技术交底。

(4) 提供其他对工程质量有影响的重要技术资料。

参 考 文 献

[1] Omakl K，Yüksel B. Environmental impact of thermal insulation thickness in buildings. Applied Thermal Engineering，2004，24：933-940.

[2] Altan Dombayc. The environmental impact of optimum insulation thickness for external walls of buildings. Building and Environment，2007，42：3855-3859.

[3] 涂逢祥. 什么是建筑节能. 北京节能，1998，2：43.

[4] 张玉川. 化学建材发展的新机遇——外墙挂板. 化学建材，2003，32（2）：44-47.

[5] JGJ/T 1—2014 装配式混凝土结构技术规程.

[6] DB34/T 810—2008 叠合板式混凝土剪力墙结构技术规程.

[7] JG/T 006—2005 预制预应力装配整体式框架结构技术规程.

[8] SJG 18—2009 预制装配整体式钢筋混凝土结构技术规范.

[9] ACI 318-05. Building Code Requirements for Strucrural Concrete and Commentary.

[10] Leslie D. Martin，Christopher J. Perry. PCI Design Handbook：Precast and Prestressed Concrete. 6th Edition. Chicago：Precast/Prestressed Concrete，Institiute，2004.

[11] Ned M. Cleland，S. K. Chosh. Seismic Design of Precast/Prestressed Concrete Structures. Michigan：American Concrete Institute，2007.

[12] PCI. Architectural Precast Concrete. 3rd Edition. Chicago：Precast/Prestressed Concrete Institute，2007.

[13] Building Department of Hong kong. Code of Practice for Precast Concrete Construction. 2003.

[14] 蒋勤俭. 国内外装配式混凝土建筑发展综述. 建筑技术，2010.12，41（12）：1074-1077.

[15] 朱清玮，武发德，赵金平. 外墙保温材料研究现状与进展. 新型建筑材料，2012，6：12-16.

[16] 张欣，覃贤，张清贵. 玻化微珠干混砂浆的研究. 硅酸盐通报，2007，26（6）：1219-1223.

[17] 吴川林. 泡沫玻璃的性能与应用. 广东建材，2000，7：28-30.

[18] 焦志强. 托贝莫来石型硅酸钙. 房材与应用，1996，3：25-29.

[19] 土文纲，辛春梅. 用稻壳灰水热合成硬硅钙石的研究. 硅酸盐通报，1995，5：60-64.

[20] 曾令可，曹建新，王慧，等. 硬硅钙石——SiO_2 复合纳米超级绝热材料. 陶瓷学报，2004，2：75-79.

[21] 杨海龙，倪文，孙陈诚，等. 硅酸钙复合纳米孔超级绝热板材的研制. 宇航材料工艺，2006，2：18-22.

[22] 佟继先. 新型膨胀珍珠岩外墙外保温系统的应用与探讨. 中国建材，2005，12：38-40.

[23] 王小鹏，张毅，沈振球，等. 复配石蜡/膨胀珍珠岩相变颗粒的热性能研究. 新型建筑材料，2011，4：75-78.

[24] 陆凯安. 膨胀珍珠岩及其制品的新用途和发展趋势. 新型建筑材料，2007，7：72-74.

[25] 赵金平，潘玉言. 无机保温材料——岩棉板外墙外保温系统. 建设科技，2007，8：48-49.

[26] 李振菠，赵艳霞. 玻璃棉及其制品的应用. 体温材料与节能技术，2005，1：15-17.

[27] 陈海涛，郑松青，谢永红. 玻璃棉保温吸声材料的应用及展望. 陕西建材，2002，1：48-49.

[28] 钱伯章，朱建芳. 建筑节能保温材料技术进展. 建筑节能，2009，37（2）：56-60.

[29] 张浩，卫建颜，周学岭. EPS 外保温技术在建筑节能改造中的应用. 平原大学学报，2004，21（5）：30-31.

[30] 赵宗虎. 浅谈建筑外墙保温材料. 安防科技，2011，4：43-44.

[31] 郝先成，詹小玲，李廷芥. 膨胀聚苯板薄抹灰外墙保温系统施工工艺研究. 建筑节能，2007，3：36.

[32] 王勇. 中国挤塑聚苯乙烯（XPS）泡沫塑料行业现状与发展趋势. 中国塑料，2010，24（4）：12-16.

[33] 马一太，杨昭，田华. 我国 R22 等 HCFCs 制冷剂的现状与未来//中国制冷学会 2007 年学术年会论文汇编. 2007：536-541.

[34] 毕飞飞. 浅析外墙保温技术及节能新材料. 林业科技情报，2011，43（2）：48-49.

[35] 苏洁，于颖颖. 酚醛保温材料在建筑节能中的应用. 科技信息，2009，15：282-283.

[36] Shen H B，Lavoie A J，Nutt S R. Enhanced peel resistance offiber reinforced phenolic foams . AppliedScience and

Manufacturing, 2003, 34: 941-948.

[37]　钱瑞莉，陈凤福. 聚氨酯改性酚醛泡沫塑料. 辽宁化工，1994，6：18-20.

[38]　周春华，刘威，解竹柏，等. 酚醛树脂泡沫塑料增韧改性的研究. 济南大学学报，2004，18（3）：243-245.

[39]　程珏，梁明莉，金光泰. 聚氨酯预聚物改性酚醛泡沫塑料脆性的研究. 塑料工业，2004，32（1）：7-9.

[40]　许亮，文振广，程珏. 聚氨酯/酚醛树脂双组分体系泡沫体的制备. 北京化工大学学报（自然科学版），2010，37（3）：73-77.

[41]　刘威. 安全、经济、绿色的新型建筑材料——酚醛泡沫塑料的应用现状及市场前景//2009 全国新型墙体保温材料新技术、新产品及施工应用技术交流大会论文集. 2009：74-77.

[42]　戴超，丘煊元，詹仕凯. 外墙保温防火与酚醛泡沫. 上海建材，2009，5：24.

[43]　翁汉元. 聚氨酯工业发展状况和技术进展. 化学推进剂与高分子材料，2008，6（1）：1-6.

[44]　富丽. 我国建材工业的能源形势分析. 江苏建材，2007，4：59-60.

[45]　王庆生. 外墙外保温技术体系的发展现状及展望. 外墙外保温应用技术，2005.

[46]　鱼剑琳，王沣浩. 建筑节能应用新技术. 北京：化学工业出版社，2006.

[47]　顾同曾，等. 装饰保温一体化外墙外保温体系的研究与开发. 施工技术，2003，32（10）：21-23.

[48]　孟扬. 建筑节能推动聚氨酯建筑保温装饰一体化板材的发展//2009 全国新型墙体保温材料新技术、新产品及施工应用技术交流大会论文集. 2009：163-173.

[49]　卢家森，周成功，郑振鹏. 预制外挂墙板分析方法. 中外建筑，2003，01：105-107.

[50]　GB 6566—2010 建筑材料放射性核素限量.

[51]　DB37/T 1992—2011 保温装饰板外墙外保温系统.

[52]　朱松超，杨志毅. GRC 外墙板的设计研究. 纤维水泥制品行业纤维增强水泥及其制品论文选集（1）（1960~2009），2009：9.

[53]　GB/T 10801.1—2002 绝热用模塑聚苯乙烯泡沫塑料.

[54]　GB/T 10801.2—2002 绝热用挤塑聚苯乙烯泡沫塑料（XPS）.

[55]　GB/T 24498—2009 建筑门窗、幕墙用密封胶条.

[56]　JC/T 942—2004 丁基橡胶防水密封胶粘带.

[57]　GB 175——1999 通用硅酸盐水泥.

[58]　GB 8076—2008 混凝土外加剂.

[59]　GB/T 5117 碳钢焊条.

[60]　GB/T 5118 低合金钢焊条.

[61]　GB/T 12010.1—2008 塑料聚乙烯醇（PVAL）材料第 1 部分：命名系统和分类基础.

[62]　GB/T 27690—2011 砂浆和混凝土用硅灰.

[63]　GB/T 14684—2011 建设用砂.

[64]　JGJ 19—2010 冷拔低碳钢丝应用技术规程.

[65]　DBJ14-037—2012 山东省居住建筑节能设计标准.

[66]　DB11-891-2012 北京市居住建筑节能设计标准.

[67]　GB50574-2010 墙体材料应用统一技术规范.

[68]　民用建筑外保温系统及外墙装饰防火暂行规定. 建筑节能，2010，38（8）：1-2.

[69]　公安部消防局. 中华人民共和国公安部关于进一步明确民用建筑外保温材料消防监督管理有关要求的通知. 建筑节能，2011，39（5）：1.

[70]　久我新一. 建筑隔声材料. 北京：中国建筑工业出版社，1981.

[71]　宋玉红. CS 墙板的隔音性能分析. 建筑科学，2005，21（2）：80-83，75.

[72]　Albert London. Transmission of Reverberant Sound through Double Walls. Journal of Acoustical Society of America，1950，22（2）：270-279.

[73]　张树燕，戴靓华，戴天星. 附加隔声量与空气层厚度相关关系研究//既有建筑改造关键技术研究与示范项目交流会论文集. 2010：91-96.

[74]　JGJ 102—2003 玻璃幕墙工程技术规范.

[75]　JGJ 63—2006 混凝土用水标准.

［76］ JG/T 3033—1996 试验用砂浆搅拌机.

［77］ GB/T 2419—2005 水泥胶砂流动度测定方法.

［78］ JGJ/T 70—2009 建筑砂浆基本性能试验方法标准.

［79］ GB/T 17671—1999 水泥胶砂强度检验方法（ISO 法）.

［80］ 兰凤，郄志红，邢志红，季广军.砂的颗粒组成对砂浆性能影响的试验研究.混凝土，2012，12：87-89.

［81］ 冷达，张雄，沈中林.减水剂和早强剂对水泥基灌浆材料性能的影响.新型建筑材料，2008，11：21-25.

［82］ 张红柳.聚羧酸系高效减水剂的合成及分散性能研究.天津：河北工业大学，2007.

［83］ GB 191—2008 包装储运图示标志.

第5章 一体化工程应用实例分析

以建筑物节能75％指标、季度采暖能耗为 6.25kg/m² 为参照指标，根据 PKPM 建筑节能计算的节能权衡计算书，分别对由一体化免拆保温模板、XPS、PU、EPS 作为保温材料的模拟工程的节能指标进行比较、分析和研究。

5.1 一体化工程应用案例

5.1.1 拟建建筑物的基本概况

根据 PKPM 建筑节能计算的节能权衡计算书。

城市：北京

建筑名称：TEST　　　　　　　朝向：正南北朝向

体形系数：0.37　　　　　　　类型：框架结构

建筑面积：地上 2850m²，地下 0m²

建筑体积：7980m³

建筑层数：三单元地上 5 层，地下 0 层

建筑层高：2.8m

填充墙内填充断热复合自保温砌块：热导率 0.07W/(m·K)

建筑平面图如图 5-1。

5.1.2 采用不同保温材料的围护结构构造及热物理性参数

本实例整体工程采用建筑墙体保温与结构一体化技术，但是采用不同的保温系统作为建筑墙体保温与结构一体化的核心构件，本实例是框架结构，填充部位都是用同一种断热复合自保温砌块，所以不同的建筑墙体保温与结构一体化工程主要区别在于屋面保温系统的改变，不同维护结构的构造及热物理性参数见表 5-1～表 5-4。

表 5-1　围护结构构造及热物理性参数

围护结构	构造名称	材料厚度 d/mm	热导率 /[W/(m·K)]	平均传热系数 K /[W/(m²·K)]
外墙	1. 石灰砂浆	20	0.81	
	2. 断热复合砌块	240	0.07	0.28
	3. 水泥砂浆	20	0.93	
楼梯间墙	1. 石灰砂浆	20	0.81	
	2. 断热复合砌块	240	0.07	0.28
	3. 水泥砂浆	20	0.93	

续表

围护结构	构造名称	材料厚度 d/mm	热导率 /[W/(m·K)]	平均传热系数 K /[W/(m²·K)]
套内隔墙	1. 石灰砂浆	20	0.81	1.76
	2. 断热复合砌块	120	0.07	
	3. 水泥砂浆	20	0.93	
屋面做法 1	1. 卷材防水层			0.42
	2. 水泥砂浆找平层	35	0.93	
	3. 一体化免拆保温模板复合保温层	60	0.03	
	4. 水泥热渣找坡层	100	0.42	
	5. 钢筋混凝土圆孔楼板	130	0.93	

注：地面为素混凝土楼地；周边地带 $K=0.52$ W/（m²·K）；非周边地带 $K=0.30$ W/（m²·K）；户门为木制加板门 $K=2.50$ W/（m²·K）；阳台门为单层玻璃推拉门 $K=2.0$ W/（m²·K）；南、北向窗均为中空低辐射膜（$e=0.07$）；塑钢窗 $K=2.0$ W/（m²·K）；楼板为钢筋混凝土圆孔楼板；户内各房间门为木制单层实体门；梁柱子均采用一体化免拆保温模板。

表 5-2　屋面做法 2 的构造及热物理性参数

	构造名称	材料厚度/(d/mm)	热导率 /[W/(m·K)]	平均传热系数 K /[W/(m²·K)]
屋面做法 2	1. 卷材防水层			0.29
	2. 水泥砂浆找平层	35	0.93	
	3. 聚氨酯保温层	60	0.02	
	4. 水泥热渣找坡层	100	0.42	
	5. 钢筋混凝土圆孔楼板	130	0.93	

表 5-3　屋面做法 3 的构造及热物理性参数

	构造名称	材料厚度/(d/m)	热导率 /[W/(m·K)]	平均传热系数 K /[W/(m²·K)]
屋面做法 3	1. 卷材防水层			0.52
	2. 水泥砂浆找平层	35	0.93	
	3. EPS 保温材料	60	0.04	
	4. 水泥热渣找坡层	100	0.42	
	5. 钢筋混凝土圆孔楼板	130	0.93	

表 5-4　屋面做法 4 的构造及热物理性参数

	构造名称	材料厚度 d/mm	热导率 /[W/(m·K)]	平均传热系数 K /[W/(m²·K)]
屋面做法 4	1. 卷材防水层			0.43
	2. 水泥砂浆找平层	35	0.93	
	3. XPS 保温材料层	60	0.03	
	4. 水泥热渣找坡层	100	0.42	
	5. 钢筋混凝土圆孔楼板	130	0.93	

注：工程中梁柱子均采用外墙外保温系统维护系统，能够有效地避免"冷桥"的产生，并且其导热系数低、所占的面积小，所以其传热耗热量忽略不计。

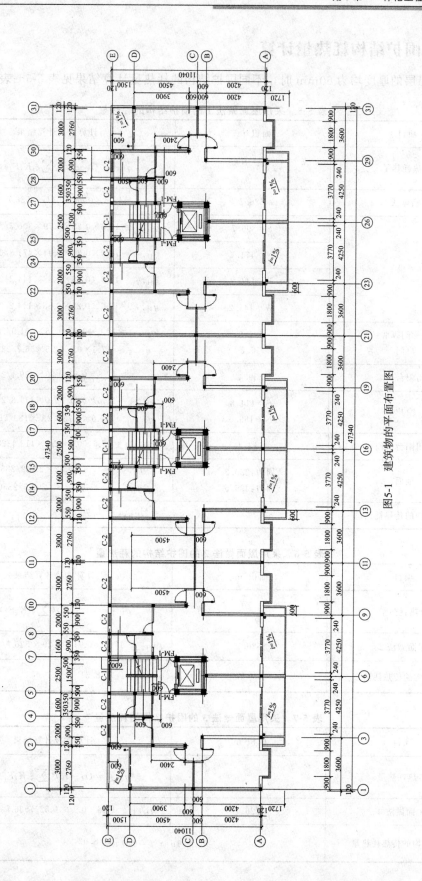

图5-1　建筑物的平面布置图

5.1.3 围护结构耗热量计算

当保温层的厚度均为 60mm 时，不同围护结构的耗热量计算结果见表 5-5～表 5-8。

表 5-5 采用屋面做法 1 的围护结构的耗热量

项目	面积/m²	计算式及计算结果
传热耗热量		$q_{HT} = (t_i - t_e)(\sum\limits_{i=1}^{m} \xi_i K_i F_i)/A_0$
屋面做法 1	526.7	$q_{H \cdot T_1} = 17.6 \times 0.94 \times 0.417 \times 526.7/2850 = 1.28$
外墙	S=306.7	$q_{H \cdot T_2} = 17.6 \times 0.28 \times 0.79 \times 306.7/2850 = 0.41$
	N=471.8	$q_{H \cdot T_3} = 17.6 \times 0.28 \times 0.94 \times 471.8/2850 = 0.74$
	E=144.2	$q_{H \cdot T_4} = 17.6 \times 0.28 \times 0.88 \times 144.2/2850 = 0.22$
	W=144.2	$q_{H \cdot T_5} = 17.6 \times 0.28 \times 0.88 \times 144.2/2850 = 0.22$
楼梯间隔墙	501.9	$q_{H \cdot T_6} = 17.6 \times 0.6 \times 0.28 \times 501.9/2850 = 0.52$
户门	56.7	$q_{H \cdot T_7} = 17.6 \times 0.6 \times 2.5 \times 56.7/2850 = 0.53$
封闭阳台内墙	239.4	$q_{H \cdot T_8} = 17.6 \times 0.5 \times 0.28 \times 239.4/2850 = 0.21$
窗户	S=114.8	$q_{H \cdot T_9} = 17.6 \times 0.52 \times 2.0 \times 114.8/2850 = 0.74$
	N=189.0	$q_{H \cdot T_{10}} = 17.6 \times 0.73 \times 2.0 \times 189/2850 = 1.70$
封闭阳台内门	113.4	$q_{H \cdot T_{11}} = 17.6 \times 0.6 \times 2.0 \times 113.4/2850 = 0.84$
地面	周边:230.2	$q_{H \cdot T_{12}} = 17.6 \times 0.52 \times 230.2/2850 = 0.74$
	周边:296.5	$q_{H \cdot T_{13}} = 17.6 \times 0.3 \times 296.5/2850 = 0.55$
围护结构的传热耗热量		$q_{H \cdot T} = \sum q_{H \cdot T_i} = 8.70$

表 5-6 采用屋面做法 2 的围护结构的耗热量

项目	面积/m²	计算式及计算结果
传热耗热量		$q_{H \cdot T} = (t_i - t_e)(\sum\limits_{i=1}^{m} \xi_i K_i F_i)/A_0$
屋面做法 2	526.7	$q_{H \cdot T_1} = 17.6 \times 0.94 \times 0.29 \times 526.7/2850 = 0.89$
围护结构的传热耗热量		$q_{H \cdot T} = \sum q_{H \cdot T_i} = 8.31$

表 5-7 采用屋面做法 3 的围护结构的耗热量

项目	面积/m²	计算式及计算结果
传热耗热量		$q_{H \cdot T} = (t_i - t_e)(\sum\limits_{i=1}^{m} \xi_i K_i F_i)/A_0$
屋面做法 3	526.7	$q_{H \cdot T_1} = 17.6 \times 0.94 \times 0.52 \times 526.7/2850 = 1.59$
围护结构的传热耗热量		$q_{H \cdot T} = \sum q_{H \cdot T_i} = 8.92$

表 5-8　采用屋面做法 4 的围护结构的耗热量

项目	面积/m²	计算式及计算结果
传热耗热量		$q_{H \cdot T} = (t_i - t_e)(\sum\limits_{i=1}^{m} \xi_i K_i F_i)/A_0$
屋面做法 4	526.7	$q_{H \cdot T_1} = 17.6 \times 0.94 \times 0.43 \times 526.7/2850 = 1.33$
围护结构的传热耗热量		$q_{H \cdot T} = \sum q_{H \cdot T_i} = 8.75$

屋面做法 2 聚氨酯保温材料取 50mm 时，围护结构的耗热量见表 5-9。

表 5-9　采用屋面做法 2 中聚氨酯厚度为 50mm 时围护结构的耗热量

项目	面积/m²	计算式及计算结果
传热耗热量		$q_{H \cdot T} = (t_i - t_e)(\sum\limits_{i=1}^{m} \xi_i K_i F_i)/A_0$
屋面做法 2	526.7	$q_{H \cdot T_1} = 17.6 \times 0.94 \times 0.34 \times 526.7/2850 = 1.04$
围护结构的传热耗热量		$q_{H \cdot T} = \sum q_{H \cdot T_i} = 8.46$

屋面做法 2 聚氨酯保温材料取 40mm 时，围护结构的耗热量见表 5-10。

表 5-10　采用屋面做法 2 中聚氨酯厚度为 40mm 时围护结构的耗热量

项目	面积/m²	计算式及计算结果
传热耗热量		$q_{H \cdot T} = (t_i - t_e)(\sum\limits_{i=1}^{m} \xi_i K_i F_i)/A_0$
屋面做法 2	526.7	$q_{H \cdot T_1} = 17.6 \times 0.94 \times 0.42 \times 526.7/2850 = 1.28$
围护结构的传热耗热量		$q_{H \cdot T} = \sum q_{H \cdot T_i} = 8.70$

5.2　围护结构耗热量参照值的计算

当前，国家大力提倡建筑节能，并且各省市、区域都有自己的节能指标。随着我国资源、能源对社会发展的限制日益明显，各省市的节能指标也不断地提高；建筑节能指标是由参照对比的方法得来的，它是依据北京市 1981 年《建筑设计规范》，一个采暖季每平方米采暖面积耗煤量为 25kg 为基数；1988 年强制推行的建筑节能指标采暖能耗降低 30%，一个采暖季单位面积耗煤量为 $25 \times (1-0.3) = 17.5$kg；1998 年开始，北京实施建筑物节能指标 50% 的设计标准（即一个采暖季单位面积采暖能耗降低到 12.5kg 以下）；建筑墙体保温与结构一体化是为了满足更高的建筑节能指标的要求而产生的，它存在的意义在于实现建筑物节能指标 75%，即采暖耗煤量为 6.25kg/m² 的顺利实现。就建筑节能 75% 的指标对外墙外围护结构热工性能的要求进行探索，从而判断建筑墙体保温与结构一体化体系的热工性能指标是否能够满足建筑节能 75% 的要求。

5.2.1　计算依据

（1）《夏热冬冷地区居住建筑节能设计标准》（JGJ 134—2010）

(2)《民用建筑热工设计规范》(JGJ 134—2010)

(3)《建筑外窗气密性分级及检测方法》(GB/T 7107—2002)

(4)《民用建筑设计节能指标》(采暖居住部分)(JGJ 26—95)

(5) 由傅里叶导热定律:

$$Q = Kf\Delta t$$

式中 Q——热(冷)负荷;

K——围护结构的传热系数;

f——建筑物围护结构的外表面积;

Δt——室内外温差。

从傅里叶导热定律中明显看出:①当建筑物体型确定之后,其围护结构的外表面积(f)是确定值,与(Q)成正比;②当建筑场地、区域确定后,其室内外温差(Δt)是确定值,与 Q 成正比;③从公式可以看出 K 是唯一的变量,根据围护结构组成的材料的不同而不同,却与 Q 成正比。

因此,减少建筑物的热、冷负荷、实现建筑物节能指标 75% 的唯一途径是改变围护结构的热工性能。

5.2.2   75%建筑节能指标对应的围护结构的耗热量参照值的计算

围护结构作为建筑物与室外大气直接接触的部分,相当于建筑物的"棉大衣"对内保暖、对外御寒,它主要由外墙、窗户、门、屋顶组成,所以说围护结构的热工性能也就是外墙、屋顶以及窗户的热工性能。本章通过对比参照的方法首先确定建筑物 75% 的节能指标要求的一个采暖季的耗煤量 $6.25\mathrm{kg/m^2}$,以该指标为基础进行相关的对比计算。由《民用建筑设计节能标准》(采暖居住部分)(JGJ 26—95)可知:

(1) 采暖煤耗量指标可按式(5-1) 计算:

$$q_c = 24Z q_H / (\eta_1 \eta_2 H_c) \tag{5-1}$$

式中 q_c——采暖耗煤量指标,$\mathrm{kg/m^2}$(标准煤);

q_H——建筑物耗热量指标,$\mathrm{W/m^2}$;

Z——采暖期天数,d,按《建筑节能设计标准》(采暖居住部分)(JGJ 26—95)附录 A 取用;

H_c——标准煤热值,取 $8.14 \times 10^3 \mathrm{W \cdot h/kg}$;

η_1——取 0.9;

η_2——取 0.68。

此处 q_c 取 $6.25\mathrm{kg/m^2}$,北京市 Z 取 125d,室外平均气温 $-1.6\,^\circ\mathrm{C}$,经计算:

$$q_H = \frac{q_c \eta_1 \eta_2 H_c}{24Z} = \frac{6.25 \times 8.14 \times 1000 \times 0.9 \times 0.68}{24 \times 125} = 10.38\mathrm{W/m^2}$$

(2) 单位建筑面积的空气渗透热量应按下式计算:

$$q_{INF} = \frac{(t_i - t_e) C_\rho \rho NV}{A_0} \tag{5-2}$$

式中 C_ρ——空气比热容,取 $0.28\mathrm{W \cdot h/(kg \cdot K)}$;

ρ——空气密度,$\mathrm{kg/m^2}$;

N——换气次数,住宅建筑区 0.51/h;

V——换气体积，m^2，楼梯间不采暖，换气体积 $V = 0.60V_0$，V_0 是建筑物的体积即建筑物外表面与地层底面围成的体积。

在 $t_e = -1.6℃$ 时，取 $\rho = 1.29 kg/m^3$；建筑面积 $A_0 = 2850 m^2$，$V_0 = 7980 m^3$；因此，计算得：$q_{INF} = 5.45 W/m^2$

（3）建筑物热耗量指标，按下式计算：

$$q_H = q_{H \cdot T} + q_{INF} - q_{I \cdot H}$$

式中　q_H——建筑物耗热量指标，W/m^2；

$q_{H \cdot T}$——单位建筑面积通过围护结构的传热耗热量，W/m^2；

q_{INF}——单位建筑面积的空气渗透热量，W/m^2；

$q_{I \cdot H}$——单位建筑面积内部得热（包括炊事、照明、家电和人体散热），住宅建筑区 $3.8W/m^2$。

（4）75％建筑节能指标所对应的围护结构的传热耗热量：

$$q_{H \cdot T} = q_H + q_{I \cdot H} - q_{INF} = 10.38 + 3.8 - 5.45 = 8.73 W/m^2$$

5.3　围护结构传热耗热量分析

5.3.1　不同围护结构做法耗热量比较

实际工程中，单位建筑面积通过围护结构的传热耗热量，据《民用建筑节能设计标准》（采暖居住建筑部分）（JGJ 26—95）按式（5-3）计算：

$$q_{H \cdot T} = (t_i - t_e)(\sum_{i=1}^{m} \xi_i K_i F_i)/A_0 \tag{5-3}$$

式中　t_i——全部房间平均室内计算温度，一般住宅建筑取 16℃；

K_i——围护结构的传热系数 $[W/(m^2 \cdot K)]$，对于外墙取其平均传热系数；

t_e——采暖期室外平均温度，℃，按相关标准采用；

F_i——围护结构的面积，m^2，按相关标准计算采用；

A_0——建筑面积，m^2，按相关标准计算采用；

ξ_i——围护结构传热系数修正系数，按相关标准采用。

围护结构的传热系数如下：

$$K_m = \frac{K_p F_p + K_{B1} F_{B1} + K_{B2} F_{B2} + K_{B3} F_{B3}}{F_p + F_{B1} + F_{B2} + F_{B3}} \tag{5-4}$$

式中　K_m——外墙的平均传热系数，$W/(m^2 \cdot K)$；

K_p——外墙主体部位的传热系数，$W/(m^2 \cdot K)$，按《民用建筑热工设计规范》（GB 50176—93）计算；

K_{Bi}——外墙周边热桥部位的传热系数，$W/(m^2 \cdot K)$；

F_p——外墙主体部位的面积，m^2；

F_{Bi}——外墙周边热桥部位的面积，m^2。

采用建筑节能与结构外墙外保温体系的最大优点是杜绝了体系的"冷桥"现象，所以取：

$$K_m = K_p$$

由工程概况进行围护结构的耗热量计算，计算结果见表 5-5～表 5-10；采用建筑墙体保温与结构一体化技术，当复合保温层的厚度取 60mm 时，$q_{H.T} = \sum q_{H.Ti} \approx 8.7 < 8.73$（建筑物 75% 的节能指标要求的围护结构传热耗热量），即该拟建工程能够满足建筑节能 75% 的要求。屋面采用四种做法，围护结构的耗热量也各不相同，为了直观地对各种保温做法的围护结构的耗热量进行分析，将研究数据进行图形化，见图 5-2。

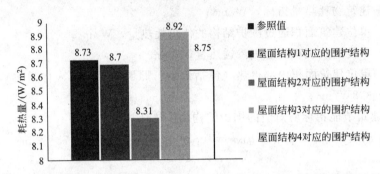

图 5-2　不同屋面保温的围护结构的耗热量与建筑 75% 节能标准耗热量的对比

从图 5-2 中可以看出：（1）采用 60mm 保温材料的屋面 1 对应的围护结构的耗热量，能够满足建筑物 75% 节能指标的要求；（2）采用 60mm 保温材料的屋面 3 做法、屋面 4 做法对应围护结构的耗热量不满足建筑物 75% 节能指标的要求；（3）采用 60mm 保温材料的屋面 2 做法对应围护结构的耗热量能够明显满足建筑物 75% 节能指标的要求。

5.3.2　最优保温系统的选择

通过前述对 EPS、XPS、PU 三种保温材料的应用现状分析表明，XPS 保温板的表面致密，施工时容易产生静电，从而影响板材与无机聚合物砂浆的黏结能力，并且防火性能较差，当 XPS 板作为保温材料单独使用时，保温系统在施工和使用过程中不可避免地会出现质量问题，尤其是黏结能力差等问题，而采用一体化免拆保温模板的围护结构，通过对一体化免拆保温模板中应力、位移、剖面节点温度分布云图分析表明：一体化免拆保温模板采用"保温系统中各层的边界条件约束良好尤其是保温层理想状态是使其处于六面刚接，材料的选择应尽量使得弹性模量、热（冷）膨胀系数连续或者相差不大，保温系统中各层材料之间无空腔"技术路线，有针对性地在 XPS 板上开槽，并在开槽处填充一定厚度的聚氨酯和一定厚度的保温砂浆，这些构造措施能够增加材料之间的黏结力并且使保温系统中各层材料的温差减少，更有助于系统的质量稳定，聚氨酯的填充对保温系统的防火性能也有一定的改善，整个系统的经济性也比较合理，即在 75% 建筑物节能指标要求下，屋面 1 的做法是合理、经济的；对屋面 3 采用 EPS 保温材料组成的屋盖保温系统，由于其热导率较大，所以 60mm 厚度的保温层围护结构的耗热量仍然不能够达到建筑物 75% 的节能指标，所以想要达到 75% 建筑物节能指标不应采用 EPS 作为屋面的保温层，即采用 EPS 外墙外保温系统作为建筑墙体保温与结构一体化的核心构件是不合理的；对屋面 2 构成的建筑物围护结构的耗热量与 75% 的建筑物节能指标进行分析表明，60mm 厚的聚氨酯作为建筑墙体保温与结构一体化的核心构件，能够满足建筑物 75% 的节能指标并且有富余；对屋面 2 做法中聚氨酯保温材料厚度的改变（见表 5-6、表 5-9、表 5-10）对应围护结构的耗热量进行对比，分析如图 5-3 所示。

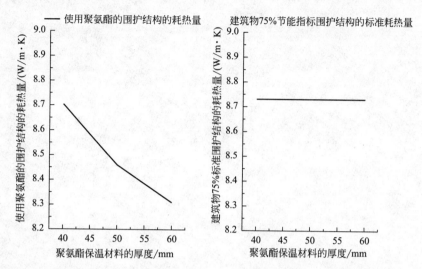

图 5-3　屋面 2 中 PU 厚度为 40、50、60mm 时围护结构与 75％标准耗热量的比较

　　对图 5-3 进行分析表明，使用聚氨酯做屋面的保温材料时，厚度取 40mm 就可以满足建筑物节能 75％指标下围护结构的耗热量，但是根据对聚氨酯薄抹灰外墙外保温系统的应用现状分析表明，虽然聚氨酯作为屋面保温层具有良好的热工性能、防水、水密性、对主体结构变形的适应能力和抗裂性能强等优势，但是在我国近 30 年的实践应用中单独使用聚氨酯作为保温材料也存在不可忽视的问题如施工工艺复杂、施工过程中不可控因素多、施工过程中对环境造成污染和对工人技术要求较高等问题；另外，聚氨酯的价格约为 1000 元/m³，即标准板保温材料花费 0.6×3×0.04×1000＝72.00 元；而 XPS 的价格约为 300 元/m³，则标准板保温材料花费 0.6×3×0.06×300＝32.40 元。因此，40mm 厚聚氨酯保温材料的价格比 60mm 厚 XPS 板的价格高超过 2 倍。综合考虑以上因素，以一体化免拆保温模板和一体化自保温砌块为核心构件的建筑墙体保温与结构—一体化技术是满足建筑物节能 75％指标的最佳选择。

参 考 文 献

[1]　杨惠忠，费明权. 夏热冬冷地区建筑节能 50％和 65％节能率的方案优化及经济技术分析//首届中国建筑节能总工高峰论坛论文集. 2007：215-218.

[2]　GB 50009—2012. 建筑结构荷载规范.

[3]　GB 50011—2010. 建筑抗震设计规范.

[4]　JGJ 75—2003. 夏热冬暖地区居住建筑节能设计标准.

[5]　GB 50176—1993. 民用建筑热工设计规范.

[6]　GB/T 7107—2002. 建筑外窗气密性能分级及检测方法.

[7]　于军. 层合材料的非傅里叶热传导及热冲击断裂研究 [D]. 哈尔滨：哈尔滨工业大学，2013.

[8]　JGJ 26—1995. 民用建筑节能设计标准（采暖居住建筑部分）.

[9]　北京土木建筑学会. 建筑节能工程设计手册. 北京：经济科学出版社，2005.

[10]　涂逢祥. 建筑节能 42. 北京：中国建筑工业出版社，2004.